JN161594

ミクロデータで見る林業の実像

——2005・2010 年農林業センサスの分析——

藤掛一郎・田村和也 [編著]

J-FIC

はじめに

1960年に初めての林業センサス調査が行われて以降、10年または5年おきに行われてきたセンサス調査は、林業構造を明らかにする統計としての役割を担ってきた。林業構造とは、林業という産業の仕組み、成り立ちという意味である。1964年に林業基本法が制定され、林業構造の改善が林政の主要な政策課題となった。具体的には、林業を成り立たせる担い手をどこに求め、いかに育成していくかが問われ、その模索は2001年の森林・林業基本法改正以降も望ましい林業構造の確立を目指すというかたちで今日まで続いている。

そのため、センサス調査結果を分析して、その時々の我が国の林業構造を解明することは、林業経済研究の重要な一環であり続けてきた[1)]。従来のセンサス分析は、公表される集計表や組み替え集計を利用して行われてきたが、2007年の統計法改正により、調査対象である経営体ごとの回答が分かるミクロデータ（個票データ）を入手し分析する道が開けた[2)]。

ミクロデータが利用できれば、集計済みの資料に頼るよりも豊富な情報を入手し、林業構造をより鮮明に明らかにすることができる。そこで、われわれは、2005年と2010年に行われた農林業センサスの林業経営体に関するミクロデータを入手し、2000年代後半の林業構造とその変化を描き出すことを目的に3年間分析を重ねてきた。本書は、その成果をまとめたものである。

本書で取り上げる2000年代後半は、我が国の林業生産がひさびさに拡大に転じるという画期をなす時期であった。木材統計によると、我が国の素材生産量は2002年に底を打った後、2000年代後半には2004年の15,615千m^3から2009年の16,619千m^3へと、1,004千m^3、6.4％上昇した[3)]。5年間隔で生産量が上昇したのは、それこそ構造政策の始まった1960年代以降初めてのことであった。その当時盛んに植えられた人工林がようやく40～50年生となり、伐採の時期を迎えたことから、林業生産が拡大を始めたのである。また、生産の拡大と重なるが、2008年度から京都議定書第1約束期間に入ったことから、地球温暖化対策のために多くの予算が投じられて間伐が促進された。その結果、間伐面積は2004年の33万haから2009年には59万haと大幅に増加した（平成23年版森林・林業白書）。さらに、労働力に関しても、2003年度から始まった「緑の雇用」に後押しされ、新規就業者が増えた時期でもあった。このようにひさびさに拡大に転じた林業の構造を、センサスがいかに捉えたかを明らかにすることが、本書の第1の課題である。

しかし、それがこの時期の林業の光の側面を描くことであるとするなら、本書のもう1つの課題はその影の側面をも描くことである。というのも、生産が拡大を始めたとはいえ、この時期、木材価格はまだ底にあり、最上流の林業経営にとっては依然として大変厳しい状況が続いていたからである。そもそも素材生産量が1,004千m^3増えたといっても、需要別に見ると、製材用素材の生産量はむしろ1,226千m^3減っており、増えたのは、合板用1,433千m^3と木材チップ用797千m^3であった。製材品については、特にリーマンショックの短期的影響を考慮する必要があるが、結局のところ、この時期に活発化したのは低質材の需給なのである。そして、製材用素材の価格は、スギが2004年の13,500円/m^3から2009年の10,900円/m^3へと下落、ヒノキに至っては29,400円/m^3から21,300円/m^3へと大きく下落し、唯一カラマツだけが9,300円/m^3から10,100円/m^3へと上昇したに過ぎない[4)]。このような状況下で、一部に活気づく動きがあったとしても、林業経営全体を見渡せば、いまだ苦境を脱し難く、施業放棄や経営放棄が一層広がったことも想像に難くない。また、それゆえ、政策的には森林組合などの作業受託を行ういわゆる林業事業体がいかに森林所有者の林業経営を強くサポートできたかも問われる。以上の観点から、この時期の林業経営の実態がいかなるものであったのかを明らかにすることが、本書の第２の課題である。

ここで、分析対象データである農林業センサスの林業経営体に関する調査について簡単に説明しておこう。調査内容が大きく変わった2005年以降のセンサスでは、経営体についての調査は、農林業経営体調査として、農業経営もしくは林業経営あるいはその両方を営む経営体を一括して対象とし実施されている。このうち林業経営を営む林業経営体とみなされ調査対象となるのは、（１）保有山林面積が３ha以上で、育林または伐採を適切に実施する者、もしくは、（２）委託を受けて行う育林もしくは素材生産または立木買いによる素材生産事業を行う者、のいずれかである。（１）の育林または伐採を適切に実施する者とは、森林施業計画を立てそれに従って施業を行う者か、保有山林において過去５年間継続して育林もしくは伐採を実施した者とされている。また、（２）の素材生産に関しては過去１年間に200m^{3}以上の生産をしたことが条件となる。

やや細かい話になったが、この調査対象の設定に関しては次の３点が重要である。第１に、（１）と（２）の両方、すなわち保有山林経営と作業受託または立木買いを行う経営の両方を含めて林業経営体として調査対象としている。性質の異なる経営体が混ざっていることに注意を要するが、両者についてのデータを得て林業生産活動の全体を捉えることができるのはメリットである。第２に、特に保有山林経営において問題になるが、山林を３ha以上保有しているだけでは調査対象とならず、５年間施業の実績があることなどが調査対象となる条件となる。センサスは全国を対象とした農林業経営体の悉皆調査であるが、この条件により、活動実績のある経営体だけが調査対象となる。この点は、一定の保有面積を越えさえすれば調査対象となった2000年までのセンサスから大きく変わったところである。第３に、農林業経営体を一括して同じ調査票で調査している。今回のようにミクロデータを得た場合、ある経営体が林業経営体であり、かつ農業経営体でもあるなら、その経営体の林業経営についてだけでなく、農業経営についての情報も得ることができ、林業経営と農業経営の関係などについて分析できる。

2005年以降のセンサス調査は以上のようにして経営体を調査しており、2000年までのセンサスと比べると、活動実績のない経営体は調査対象から外れる一方、農林業の生産活動全般について包括的な経営体データを提供するようになった。本書では、このようなデータの特徴を生かした分析を心がけた。すなわち、われわれはまず入手した2005年と2010年のデータを個票レベルで接続した。これにより、接続でき、したがって林業経営体としての活動を継続していたと見られる経営体と、接続できず、2005年には林業経営体であったが2010年には林業経営から退出した経営体、また、2010年に新たに林業経営体となった参入経営体を区別し、経営体の動態を分析した。また、いくつかの章では、林業生産活動の全体を捉える分析を行ったり、林業経営と農業経営を兼ねる経営体について、両経営の関係を探る分析を行ったりした。

そして、本書の最大の特色は、先に述べたようにミクロデータを用いたことであり、それによって自由度の高い分析を林業経営体を対象に行うことができた。ミクロデータを用いることのメリットとして、次の３点を挙げることができる。

１つは、原データの持つ情報量をそのまま活用できることである。集計済みのデータでは、階級別の度数分布や合計、平均以上の情報は望み難いが、ミクロデータを使えば、分布の全体を見ることができ、例えば標準偏差やパーセンタイルなど、合計や平均以外の統計量を計算することができ、異常値の検出や除去ができる場合もある。加えて、今回われわれは、若干特殊なデータの活用であるが、経営体の名称を得て、森林組合と生産森林組合を区分するなど独自の組織形態区分に活用した。これについては第１章で詳しく述べる。

２つ目は、自由に変数を組み合わせて分析ができることである。ミクロデータが利用できれば、任意の変数間の関係を探ることができる。また、任意の変数を用いて特定の条件を満たす集団を取り出して分析の対象を限定することができる。さらに、多変量の計量モデルの推定も可能となるなど、大きく分析の自由度が上がる。各章でいろいろな変数を組み合わせた分析を行ったが、特に最後の２つの章で行った保有山林の経営を行う家族林業経営体についての詳細な分析はこのメリットを大いに活用したものである。

３つ目は、個票レベルで異時点間の調査結果を接続できることである。これについては既に述べたように、われわれは2005年と2010年のデータを接続し、経営体の継続、退出、参入を分析するなど、このメリットを活かそうと試みた。ただし、センサスは経営体の悉皆調査であるとはいえ、実際には観測漏れも生じていると思われる。例えば、2010年に新たに参入してきた扱いとなる経営体も、実は2005年以前から林業経営体として活動していたのに2005年には観測漏れであったというだけかもしれない。この観測漏れがもたらす問題については第１章で解説するので、本書を読む上で留意してもらいたい。

８章からなる本書の構成は、以下の通りである。

最初の３章では、はじめに分析した林業経営体ミクロデータを紹介するとともに、それを用いて、2000年代後半の林業経営体の活動の全体を描く。第１章はデータの紹介である。特に、データの接続状況について詳しく見ることで、センサスデータの利用において留意すべき点を明らかにする。冒頭でも述べた通り、2000年代後半を特徴づけるのは、素材生産の活発化であった。第２章では、保有山林における素材生産と受託立木買いによる素材生産の全体を対象に、生産の活発化がいかなる経営体に担われたのかを明らかにする。一方、素材生産活発化の背後で、山林経営はどのような状態にあったのかを慎重に見極める必要がある。第３章では、山林を保有する経営体の全体を対象に、山林保有、作業実施、林産物販売の2000年代後半の動向を明らかにする。

続く３つの章では、全体の動向の中から、注目すべき経営のタイプとして、共的保有林と社有林の山林経営、また、家族農業経営体の受託立木買いをそれぞれ取り上げ、より詳しく2000年代後半の動向を明らかにする。第2章で明らかにするように、保有山林における素材生産では、共的保有林や公有林も家族経営に劣らず、素材生産を伸ばしていた。第4章では、このうち共的保有林を取り上げる。2000年センサスまでの慣行共有概念による把握がなくなった2005年以降のセンサスで、独自の組織形態区分を用いて共的保有を捉え、その2000年代後半の変化を描く。第5章では、逆に生産の停滞した会社有林を取り上げる。会社有林の生産は停滞したが、保有面積は増やしており、全体とは異なる傾向を見せたタイプであった。やはり第2章で明らかとなるが、受託立木買いによる素材生産で、2000年代後半の生産活発化に貢献した1つが家族農業経営体であった。第6章では、この家族農業経営体の受託立木買いによる素材生産活発化がいかに進んだかを明らかにする。

最後の2つの章では、山林を保有する経営体の中で最も数が多い家族林業経営体、一般に言われるところの林家[5]を取り上げ、ミクロデータならではの分析を行った。家族による経営であるがゆえに、世帯構成や農業等の他の生業との関係が経営行動を左右する。ミクロデータを利用できる強みを生かし、経営行動に影響を与える要因を分析する。第7章は、世帯の世代構成や世帯主の属性などに着目して、家族経営体の経営行動への影響を分析したものである。第8章では、多変量解析を用いて、世帯構成や農業経営が林業経営行動にいかに影響を与えているかを捉えようとした結果を報告する。

本書で行った研究は、科研費JP25450215「持続可能な林業構造の解明に向けたセンサス・ミクロデータによる林業経営行動の分析」(代表：藤掛一郎（宮崎大学))の助成を受けて行ったものである。農林業センサスミクロデータ利用にあたっては、農林水産省統計部センサス統計室の方々にデータ利用手続きのお手を煩わせ、データや調査実務に関するわれわれの質問への情報提供をいただき、大変お世話になった。また、2015年9月7日・12月4日に東京にて林業経済学会研究会Boxを開催し、本書で行った研究内容の一部を口頭発表した。各回約40名の参加者から質疑やコメントで有益な示唆をいただいた。日本林業調査会には、出版事情の厳しい折柄、刊行を快くお引き受けいただいた。

そして何より、センサスの調査対象となり回答された全国の農林業経営体の方々、実査作業に携わった方々があってこそ、本書の研究は成り立っている。

お世話になったすべての皆様に感謝申し上げたい。

注

1）特に、センサスのたびに調査結果を網羅的に分析した書籍が刊行されてきた。最新の2010年センサスを分析した成果は興梠（2013）である。また、その10章（三木、2013）は過去のセンサス分析による書籍を紹介している。

2）旧統計法では、目的外利用申請により個票利用が可能だったが、目的・使用者の制限が厳しく手続きが煩雑であった。林業センサス個票を用いた先行研究として、関東・東山地域の非農家林家を分析した高橋（1982、ほか）の一連の研究が挙げられる。統計法の改正の意義については、松田（2012）がまとめている。また、センサス等の林業関係統計への影響について、山本（2009）、山本（2013）が論じている。

3）2005年、2010年の農林業センサスは2月に行われ、調査時点の現況や過去1年間の活動などを調べているので、それに合わせて参照年を2004年と2009年とした。

4）資料は木材需給報告書の素材価格累年統計である。それぞれ、スギ中丸太（径14～22cm、長3.65～4.0m）、ヒノキ中丸太（径14～22cm、長3.65～4.0m）、カラマツ中丸太（径14～28cm、長3.65～4.0m）の年次価格である。

5）農林業センサスにおける林家の定義は別にあり、保有山林面積1ha以上の世帯を言うとされている。本書で取り上げるのは、それとは違い、家族林業経営体であり、林業経営体に属するもののうち家族（世帯）による経営であるものである。

引用文献

興梠克久（2013）日本林業の構造変化と林業経営体：2010 年林業センサス分析、農林統計協会、308pp

松田芳郎（2012）統計改革の今後：黄昏の国民国家を越えた統計体系のあり方、日本統計学会誌 41（2）：341-354

三木敦朗（2013）林業センサス研究史にみる林家の把握、興梠克久編著「日本林業の構造変化と林業経営体：2010 年林業センサス分析」農林統計協会、215-223

高橋教夫（1982）1980 年林業センサスから見た非農家林家の林業経営、日本林学会大会発表論文集 93：43-46

山本伸幸（2009）統計制度改革と林野統計、餅田治之・志賀和人編著「日本林業の構造変化とセンサス体系の再編：2005 年林業センサス分析」農林統計協会、35-53

山本伸幸（2013）センサスをめぐる環境の変化、興梠克久編著「日本林業の構造変化と林業経営体：2010 年林業センサス分析」農林統計協会、1-18

目次

第3章

保有山林経営の動向　田村和也

第4章

共的保有林の経営動向　大地俊介

第5章

社有林の経営動向　大塚生美

第6章

家族農業経営体による林業作業受託・立木買い　山本伸幸

第7章

家族による保有山林経営と世帯構成　田村和也

第8章
家族による保有山林経営の多変量解析　林　雅秀

おわりに

第 *1* 章

センサスミクロデータによる林業経営体の分析

藤掛一郎・田村和也

１．はじめに

本章では、本書で分析に用いたデータを紹介する。われわれは、入手した2005年と2010年のデータを接続し、また、独自の組織形態区分を行うことで、共有する分析用データを準備した。これについて紹介し、次章以降を読む上で必要となるデータに関する基礎的な情報をまとめる。特に、相前後する２回のデータを接続したのであるが、接続データを用いる意義や留意点、実際のデータの接続状況についてやや詳しく見ておきたい。

２．分析用データ

2005年と2010年農林業センサスの林業経営体についての個票データを入手した1)。農林業センサスは経営体調査と地域調査からなり、経営体調査は農業経営体と林業経営体を対象とした調査である。このうち、林業経営体についての個票データを２回分入手した。農業経営体と林業経営体には重なりがあるが、林業経営体に該当するものはすべて対象としてデータを入手した。

センサスの調査票は農林業全般にわたるが、必要最小限と思われる調査項目についてデータの提供を受けた。すなわち、経営体の概要、世帯と林業経営に関わる項目の多くと、農業に関しては農業労働力、農産物の販売、農作業の受託の主な項目について提供を受けた。加えて、経営体の識別情報として、地域コードと整理番号の提供を受け、次に述べる方法で05年と10年のデータの接続のために利用した。また、経営体の名称についても提供を受け、不完全ではあるが、森林組合と生産森林組合との区分、地方公共団体と財産区との区分に利用した。

データの接続は次のように行った。各年のデータにおいて経営体の識別は、都道府県から調査区に至る数段階の地域コードと調査区内での整理番号において行われている。同一の経営体であっても、年によって整理番号等は異なり、各年の識別情報だけでデータを接続することはできない。代わりに、同一経営体の各年の識別情報を対応させる構造動態マスタが作成されている。それも一緒に提供を受け、利用することで、05年と10年の2回のデータを接続することができた。

経営体の名称による組織形態の細分については、次のように行った。調査票における組織形態の区分は、05年と10年では、05年には法人化している（していない）の用語であったのが、10年には法人である（ない）に変わったこと、05年には有限会社の区分があったが、2006年の会社法施行に合わせ、10年にはそれがなくなり、代わって合同会社の区分が登場したこと以外は、変化がない。そして、その中で、既述の通り生産森林組合は森林組合と一まとめの区分であった。また、地方公共団体と財産区も一まとめの地方公共団体・財産区との区分であった。林業経営体としては、これらはそれぞれ分けて分析をしたいところであり、名称を使えば、ある程度区別が可能なのではと考えた。具体的には、表１－１に示すように、森林組合と生産森林組合、また地方公共団体と財産区を区分し、独自の組織形態区分を定義し、分析に用いた。

森林組合と生産森林組合については、経営体名称が「森林組合」の語句を

表１－１　組織形態の定義

<table>
<tr><th colspan="2">変数の定義</th><th>センサスにおける元の区分</th><th>名称による細分</th></tr>
<tr><td>1</td><td>非法人</td><td>法人化していない・法人でない</td><td></td></tr>
<tr><td>2</td><td>会社</td><td>株式会社等の会社</td><td></td></tr>
<tr><td>3</td><td>森林組合</td><td rowspan="2">森林組合</td><td>経営体名称が森林組合を含むが、生産森林組合を含まない</td></tr>
<tr><td>4</td><td>生産森林組合</td><td>経営体名称が生産森林組合を含むか、森林組合を含まない</td></tr>
<tr><td>5</td><td>各種団体</td><td>その他の各種団体</td><td></td></tr>
<tr><td>7</td><td>その他の法人</td><td>その他の法人、農事組合法人、農協</td><td></td></tr>
<tr><td>8</td><td>地方公共団体</td><td rowspan="2">地方公共団体・財産区</td><td>下記以外</td></tr>
<tr><td>6</td><td>財産区</td><td>経営体名称が「区」、「自治」、「部落」、「財産」、「組合」いずれかの言葉を含む</td></tr>
</table>

含むが、「生産森林組合」の語句を含まないものは森林組合と判断し、「生産森林組合」の語句を含むか「森林組合」の語句を含まないものは生産森林組合と判断した。多くの名称は森林組合もしくは生産森林組合の語句を含んでいたが、中には、○○区といったような名称も見られた。こういう場合は、生産森林組合と判断するのが妥当であろうと考え、「森林組合」の語句を含まない場合は、生産森林組合と判断した。

地方公共団体・財産区については、さまざまな名称が用いられており、これも判別が難しいが、経営体名称が「区」、「自治」、「部落」、「財産」、「組合」の語句を含むものは、財産区に当たると判断し、それ以外の場合を地方公共団体とした。この場合の地方公共団体は、財産区を除く、都道府県と市町村（普通地方公共団体）を主とするものとの概念である。

なお、ひとまずは表１－１の１から８の組織形態区分に整理したが、実際の分析においては、分析の目的に合わせ、さらにこれを集約するなどした。それについては、各章で適宜説明する。

それでは、用意したデータについて概要を見ていこう。はじめに、表１－２は2005年データと2010年データの接続の結果を示したものである。2005年センサスで補捉された林業経営体は200,224経営体であり、2010年センサスでは140,186経営体であったが、データ接続により、このうち両年で観測された継続経営体は105,027経営体であったことが分かった。したがって、05年に観測された経営体のうち47.5％は10年には観測されておらず、継続して観測された経営体の率（以下、継続率とする）は52.5％に過ぎなかった。また、10年には新たに参入してきた経営体が25.1％を占めた。退出と

表１－２　2005年と2010年データの接続結果

	2005年経営体数	%	2010年経営体数	%
2005年のみ	95,197	47.5		
2005年＆2010年	105,027	52.5	105,027	74.9
2010年のみ			35,159	25.1
計	200,224	100.0	140,186	100.0

参入が相当な割合を占めること、特に05年に観測された経営体の半数弱が10年には退出していることが注目される。

次に、表１－３は表１－１の組織形態区分に従い、また、経営体が家族による経営であるかどうかで区別し、05年、10年の林業経営体を分類した結果である。数の上では、家族非法人の経営体が圧倒的に多い。非家族でも非法人の経営体が多いが、これは共有林などを含むと考えられる。これら共的な性質を持つ経営体については、森林組合と生産森林組合の区分、地方公共団体と財産区の区分の妥当性も含め、後に共的保有林を取り上げる第４章で検証する。

センサスの調査対象となる林業経営体は、「はじめに」で述べた要件（１）、（２）のいずれかを満たすものである。表１－４は、林業経営体を３ha以上の山林保有がある経営体かどうか、また林業作業受託・立木買いを行っている経営体かどうかで分類したものである。数では保有のみの経営体が圧倒的に多いが、この５年間の減少率も大きい。受託のある経営体では、保有もある経営体の方が多く、特に2010年には保有も受託もある経営体だけが増えていることが目立つ。

先に、05年から10年の経営体の全体の継続率は52.5％であったことを見

表１－３　組織形態、家族・非家族別経営体数

	2005年			2010年		
	家族	非家族	計	家族	非家族	計
非法人	177,368	12,098	189,466	125,136	6,588	131,724
会社	414	2,824	3,238	418	2,116	2,534
森林組合	0	869	869	0	703	703
生産森林組合	0	1,457	1,457	0	1,558	1,558
各種団体	0	907	907	0	636	636
財産区	0	1,290	1,290	0	972	972
その他法人	30	1,999	2,029	38	1,320	1,358
地方公共団体	0	968	968	0	701	701
計	177,812	22,412	200,224	125,592	14,594	140,186

表1－4　山林保有と林業作業受託・立木買いの有無別経営体数

	2005年		2010年	
	N	%	N	%
山林保有のみ	193,551	96.7	133,323	95.1
山林保有＆林業作業受託・立木買い	3,637	1.8	4,221	3.0
林業作業受託・立木買いのみ	3,036	1.5	2,581	1.8
計	200,224	100.0	140,125	100.0

注：2010年の林業経営体総数は140,186経営体であるが、うち61経営体は調査回答では林業経営体の基準を満たしていなかったため、この表からは除外している。

たが、継続率を組織形態別に見たものが表1－5である。これによると、森林組合と生産森林組合が60％台後半と高めである一方、各種団体、その他法人、非法人などが全体の継続率より低い結果となった。ただし、第4章で示すように、森林組合は合併によってこの5年間に組合数が72.9％へ減少していること、地方公共団体については市町村数も72.1％へと減少していることを考慮すれば、これらについての実質的な継続率はより高いものと考えられる。

表1－6は継続率を都道府県別に算出した結果である。40～50％台の県が多いが、それを超えたばらつきも見られ、低いところでは、福岡県18.3％、群馬県25.0％、長崎県25.5％などが目立つ。このうち、福岡県と群馬県は北海道と合わせて、市町村合併に伴いデータ接続のための作業が行われなかった市町村のあることが分かっている。この場合、05年と10年の両方で観測されたにもかかわらず、接続がなされない経営体があることになる。

表1－5　組織形態別継続率（%）

非法人	52.2
会社	53.8
森林組合	69.2
生産森林組合	66.2
各種団体	50.3
財産区	58.9
その他法人	51.7
地方公共団体	55.9
計	52.5

表1－7は経営体のタイプと保有山林面積規模別に継続率を見たものである。経営体のタイプについては、05年に保有山林面積が3ha以上ある経営体を保有のある経営体とし、05年に林業作業受託金額がある経営体を受託のある経営体とし

表１－６　都道府県別継続率（％）

北海道	44.9	東京都	58.4	滋賀県	55.2	香川県	56.1
青森県	53.4	神奈川県	47.7	京都府	66.5	愛媛県	47.8
岩手県	58.5	新潟県	52.9	大阪府	43.6	高知県	53.4
宮城県	44.5	富山県	54.0	兵庫県	42.1	福岡県	18.3
秋田県	51.9	石川県	55.2	奈良県	71.0	佐賀県	63.7
山形県	51.2	福井県	55.1	和歌山県	65.8	長崎県	25.5
福島県	48.3	山梨県	49.6	鳥取県	61.6	熊本県	54.9
茨城県	54.0	長野県	50.6	島根県	51.9	大分県	54.1
栃木県	51.4	岐阜県	65.2	岡山県	49.3	宮崎県	61.7
群馬県	25.0	静岡県	53.8	広島県	61.8	鹿児島県	39.7
埼玉県	40.6	愛知県	58.5	山口県	49.7	沖縄県	56.3
千葉県	42.7	三重県	52.0	徳島県	45.3	計	52.5

表１－７　経営体のタイプと保有山林面積規模別の継続率

	対象経営体数	継続率（％）
保有経営体		
3～20ha	162,668	50.3
20～100ha	29,276	62.4
100～1,000ha	4,752	65.5
1,000ha～	492	73.0
計	197,188	52.5
受託経営体		
0～3 ha	3,036	49.6
3 ha～	3,637	71.8
計	6,673	61.7

た。そして、05年の保有山林面積でさらに区分している。受託のある経営体で、保有山林面積が3 ha以上の経営体は、両タイプに重複して計上されている。保有のある経営体について、面積規模別の継続率を見ると、保有面積が大きいほど継続率は高まる傾向が見られた。しかし、1,000ha以上でも退出となる経営体が27％に上った。1,000ha以上ともなれば、毎年何らかの施業の必要は生じると想像され、この退出が真に施業を行わなくなったことによるのか、それとも観測漏れによるものが含まれているのか、気にかかる結果ではある。受託のある経営体で、保有もある経営体では、継続率が72％と比較的高かった。しかし、保有のない（保有面積

が３ha 未満の）経営体では継続率が50％にとどまった。作業受託を事業とする場合には、森林を保有する経営の作業の間断性の問題はないのであるが、それでも継続率が実際にこれほど低いのかも、さらに精査が必要な点である。

表１－８は05年から10年への継続経営体105,027経営体について、組織形態の異動を見たものである。実際に５年の間に組織形態が変化する経営体は少ないのではないかと想像されるが、この表ではかなりの経営体が５年間に組織形態を変えている。これには、実態として組織形態が変わったという場合に加え、調査の度に組織形態の選択が変わる場合があるからではないかと考えられる。特に、各種団体は、05年に各種団体であったもののうち、

表１－８　継続経営体における組織形態の異動（縦2005年、横2010年の区分）

	非法人	会社	森林組合	生森	各種団体	財産区	その他法人	地公団体	計
非法人	97,792	220	18	196	278	114	212	82	98,912
	98.9	0.2	0.2	0.2	0.3	0.1	0.2	0.1	100.0
会社	112	1,620	0	0	0	0	11	0	1,743
	6.4	92.9	0.0	0.0	0.0	0.0	0.6	0.0	100.0
森林組合	0	0	598	3	0	0	0	0	601
	0.0	0.0	99.5	0.5	0.0	0.0	0.0	0.0	100.0
生森	35	1	7	898	13	5	4	1	964
	3.6	0.1	0.7	93.2	1.4	0.5	0.4	0.1	100.0
各種団体	156	1	2	95	112	18	70	2	456
	34.2	0.2	0.4	20.8	24.6	4.0	15.4	0.4	100.0
財産区	113	0	0	19	23	597	6	2	760
	14.9	0.0	0.0	2.5	3.0	78.6	0.8	0.3	100.0
その他法人	190	2	0	84	41	9	717	7	1,050
	18.1	0.2	0.0	8.0	3.9	0.9	68.3	0.7	100.0
地公団体	64	0	0	1	15	2	16	443	541
	11.8	0.0	0.0	0.2	2.8	0.4	3.0	81.9	100.0
計	98,462	1,844	625	1,296	482	745	1,036	537	105,027
	93.8	1.8	0.6	1.2	0.5	0.7	1.0	0.5	100.0

注：上段は経営体数、下段は構成比（％）である。

10年も各種団体であったものは24.6％に過ぎず、それより多い34.2％が10年には非法人となっている。各種団体は法人の一種との定義ではあるが、実際は法人化していない愛林組合や部分林組合などが選択肢として各種団体を選んだ場合が多いと見られ、その場合には、非法人を選ぶか、各種団体（法人の１カテゴリー）を選ぶか、組織形態の選択が安定しないのではないかと考えられる。また、財産区や地方公共団体にも、非法人へ移動したり、非法人から移動してくるものがある。これらも実際には法人格を持たない入会集団の流れを汲む団体などが、調査ごとに選択肢を変えている可能性が考えられる。組織形態にはこうした不安定性があることに留意する必要がある。

3．接続データ分析の意義と留意点

異時点間の個票データの接続によって、個体レベルで経時的な活動の変化を知りうれば、それは大きな情報量の追加となる。サンプル全体としての活動量の変化（例えば、全国の間伐面積の変化）だけでなく、個体レベルで活動の変化（経営体ごとの間伐面積の変化）を特定できるならば、個体間のばらつきを把握でき、さらに何がその個体間の違いを生んだかについて追求する道も開ける。

これは実際に同一個体を複数時点で観測できた場合であるが、一方で、ある個体が観測されなくなったり、新たに観測されたりといった調査からの出入りにも意味がある場合がある。われわれが扱う2005年以降のセンサスは、前述の通り活動実績のある経営体の悉皆調査であるから、まさにこの場合にあたり、相前後する時点で接続できない経営体についての情報も意味を持つ。すなわち、個票を接続してみることで、林業経営体が相前後する５年において活動を継続し調査対象であり続けたのか（継続）、それとも、活動を停止し、調査対象でなくなったのか（退出）、あるいは活動実績を有するようになり新たに調査対象となったのか（参入）、の別を知ることができる。その様子は図１－１に示す通りである。このことによって、どのような経営

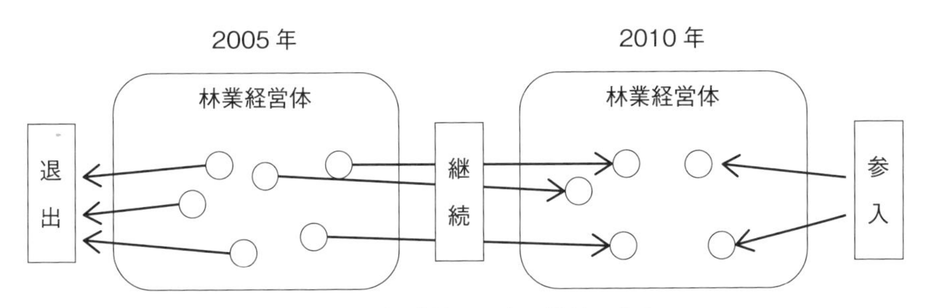

図１－１　経営体の退出・継続・参入

体が退出していくか、あるいは参入してくるのか、についての分析が可能となる[2)]。

以上のように、個票データ接続によって、退出と参入を含めて個体レベルの経時的変化を知りうるようになることは大きなメリットである。しかし、残念ながら、実際にセンサスを分析するにあたっては、難しい問題に直面せざるを得ない。センサスは悉皆調査であるとはいえ、実際の調査においては調査漏れが発生していると想像されるためである。例えば、05 年に観測され、10 年に未観測であった経営体は、真に活動を停止（基準未満に縮小）し経営体として退出したという場合の他に、単に 10 年には観測漏れとなってしまったという可能性がある。農林業センサスは農林業経営体の悉皆調査とはなっているが、特に林業経営体については、農業とは違い、遠く離れた都市部に住む不在村所有者や広域に活動する事業体などがあり、調査対象者を把握し難いという問題を抱えている。そのため、この問題には特に注意が必要である。

図１－２は、観測漏れが引き起こす問題を整理したものである。本来は、2005 年は左の四角全体を観測すべきであるが、観測漏れの部分 $a_3 + a_4 + b_1$ がありうることを示している。このうち a_4 は 10 年にも観測漏れで未観測のままのものである。a_3 は 10 年には観測され、見かけ上、10 年に林業経営に参入したものと扱われてしまうもので、ここでは擬参入と名付けている。b_1 は 10 年までに林業経営から退出するが、もともと 05 年に観測漏れであった

ため、それが捉えられないものである。10 年には a_4 が引き続き未観測であるほか、05 年には観測されたが 10 年に観測漏れとなり、見かけ上は退出と扱われる a_1（擬退出）が生じ、さらに 10 年に参入してきたにもかかわらず、それが捉えられなかった c_1 もある。加えて、a_2 は実際に継続して経営を行っており、05 年にも 10 年にも観測されたが、同一の経営体として接続されず（接続漏れ）、別の経営体として扱われたものを意味している。この場合、

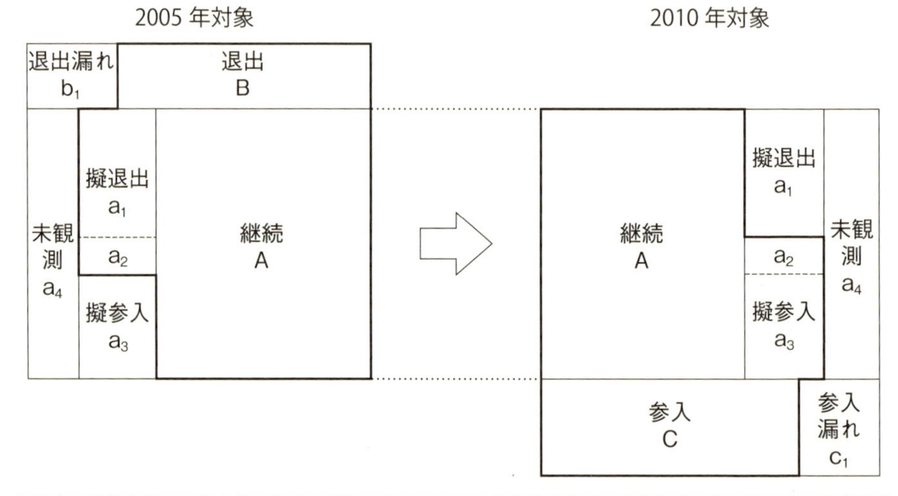

		実際	観測	観測漏れ	問題点
05 年対象		$A+B+a_1+a_2+a_3+a_4+b_1$	$A+B+a_1+a_2$	$a_3+a_4+b_1$	一度も観測されない未観測と退出漏れがあり、さらに次回は観測される擬参入がある
05 → 10 年 変化	退出	$B+b_1$	$B+a_1+a_2$	b_1-a_1-a_2	退出観測漏れがあり、擬退出を含んでいる
	継続	$A+a_1+a_2+a_3+a_4$	A	$a_1+a_2+a_3+a_4$	擬退出・擬参入・未観測分が漏れ、擬退出・擬参入には接続漏れを含む
	参入	$C+c_1$	$C+a_2+a_3$	c_1-a_2-a_3	参入観測漏れがあり、擬参入を含んでいる
10 年対象		$A+C+a_1+a_2+a_3+a_4+c_1$	$A+C+a_2+a_3$	$a_1+a_4+c_1$	一度も観測されない未観測と参入漏れがあり、さらに前回は観測された擬退出がある

図１－２　観測漏れを考慮した経営体の異動

元の経営体としては擬退出の扱いとなり、同時に新たな経営体として擬参入してきたことになってしまう。先に触れたように市町村によってこのような扱いが生じたことは、a_2 の例に当たる。

このような観測漏れがある場合、それが分析結果にもたらすバイアスが心配される。例えば、05 年から 10 年にかけて退出していく経営体と継続して林業経営体であり続ける経営体とを比べようとした場合、本来は、$B+b_1$ と $A+a_1+a_2+a_3+a_4$ を比べるべきであるが、得られたデータでは、$B+a_1+a_2$ と A を比べるしかない。この時、もし本来継続に含めるべきであるのに退出とみなされる擬退出の経営体 a_1+a_2 に小規模な経営体が多ければ、退出する経営体には小規模な経営体が多いという間違った結論を導いてしまいやすいと考えられる。

ただし、こうした観測漏れによるバイアスの問題は、参入や退出についてだけの問題ではない。図から明らかなように、毎回の単純な集計結果も当然この問題から免れることはできない。バイアスの生じ方について何らかの情報が得られるならば別であるが、通常そのような情報が得られることはないので、いかなる結果も観測漏れによるバイアスを持っている可能性には留意しながらも、観測できた中での話ではあるが、そこで何が起こったかを見ていくしかないのではなかろうか。

４．退出・参入した経営体の特徴

第２節で見たように、2005 年の林業経営体 200,224 は 10 年に 140,186 と減少し、継続率は５割に過ぎず、退出・参入による入れ替わりが大きかった。では、退出・参入した経営体には、どんな特徴があるだろうか？　林業経営体は、所在が把握され、林業の外形基準に該当することで調査対象となり、これらから外れると退出、新たに該当すると参入として捉えられる。そこで、経営体の調査上の属性として所在把握と外形基準該当の様子をカギに、退出・参入の詳細を分析し、調査上属性と経営体の状況との関連を検討する。

表１－９は、前掲表１－３、１－５、１－７で示した林業経営体の接続状況について、「拡張接続状況」と「活動有無」により細かく分類した構成比である。ここで「拡張接続状況」とは、退出（参入）した経営体が退出時（参入前）のデータでも所在が把握されているか否かを表わすものである[3)]。「活動有無」は、林業の外形基準のうち活動実績の項目に該当するか否かで分けたものである[4)]。

拡張接続状況を見ると、2005年経営体の2010年異動は継続52%・名簿内20%・名簿外28%であった。非法人以外の経営体（法人経営体)、また大規

表１－９　経営体の拡張接続状況別・活動有無別の構成比

	2005年経営体						2010年経営体					
	総数	拡張接続状況			活動有無		総数	拡張接続状況			活動有無	
		10年も継続	10年退出					05年から継続	10年参入			
			10年名簿内	10年名簿外	活動あり	活動なし			05年名簿内	05年名簿外	活動あり	活動なし
計	200,224	52%	20%	28%	83%	17%	140,186	75%	15%	10%	80%	20%
組織形態別												
非法人	189,466	52%	21%	27%	83%	17%	131,724	75%	16%	9%	79%	21%
会社	3,238	54%	5%	41%	89%	11%	2,534	73%	7%	20%	86%	14%
森林組合	869	69%	0%	30%	100%	0%	703	89%	0%	11%	99%	1%
生産森林組合	1,457	66%	1%	33%	91%	9%	1,558	83%	1%	16%	90%	10%
各種団体	907	50%	2%	48%	84%	16%	636	76%	0%	24%	86%	14%
財産区	1,290	59%	0%	41%	90%	10%	972	77%	0%	23%	88%	12%
その他の法人	2,029	52%	2%	46%	82%	18%	1,358	76%	4%	20%	80%	20%
地方公共団体	968	56%	1%	44%	91%	9%	701	77%	0%	23%	92%	8%
保有山林面積規模別												
保有山林なし	1,961	55%	4%	41%	100%		1,299	72%	11%	17%	99%	1%*
3ha未満	1,075	39%	32%	29%	100%		1,343	36%	53%	11%	97%	3%*
3～5ha	64,342	44%	28%	28%	81%	19%	41,049	68%	23%	9%	77%	23%
5～10ha	59,869	52%	20%	28%	82%	18%	41,264	76%	15%	9%	77%	23%
10～20ha	38,457	57%	16%	26%	84%	16%	27,986	79%	11%	10%	80%	20%
20～30ha	13,160	61%	13%	26%	87%	13%	10,143	81%	9%	10%	84%	16%
30～50ha	9,769	64%	10%	26%	88%	12%	7,728	83%	7%	11%	85%	15%
50～100ha	6,347	63%	7%	30%	89%	11%	4,892	83%	5%	12%	87%	13%
100～500ha	4,240	65%	3%	32%	92%	8%	3,497	81%	3%	16%	91%	9%
500～1000ha	512	71%	1%	28%	93%	7%	489	78%	3%	19%	94%	6%
1000ha以上	492	73%	0%	27%	97%	3%	496	80%	1%	19%	98%	2%

注）＊は、林業経営体の基準に外れると思われるが、そのまま集計した。

模層では、退出のほとんどを名簿外が占める。2010年経営体は継続75％・05年名簿内15％・05年名簿外10％となっており、全体では名簿内からの参入が多いが、法人経営体や大規模層では名簿外からがほとんどである。

活動有無については、2005年は活動あり83％・活動なし17％、10年は80％・20％とわずかに活動なしの割合が増えた。活動なしは、組織形態別には、非法人、各種団体、その他の法人でやや多く、規模別には小規模層で多い。

図１－３は、2005・10年の経営体を調査上属性で区分し、その間の異動状況を示したものである。2005年の活動あり経営体166,576は10年には、活動あり46％・活動なし６％・退出名簿内21％・退出名簿外27％となって

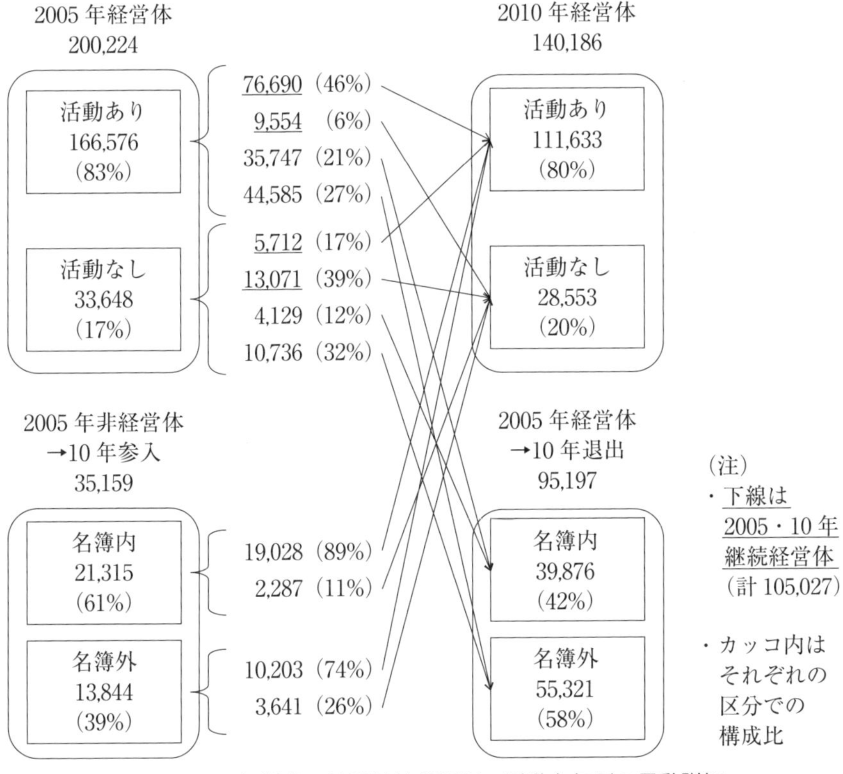

図１－３　経営体の拡張接続状況別・活動有無別の異動詳細

いて、２回の調査とも活動した経営体は半数に満たない。一方、05 年活動なし経営体 33,648 は 10 年には 17%・39%・12%・32%の構成比で、４割は活動なしのまま継続し、６分の１が活動ありに変わった。退出した経営体 95,197 では名簿内 42%・名簿外 58%と名簿外への退出が多く、参入した経営体 35,159 では名簿内からが 61%・名簿外からが 39%と名簿内からの参入が多かった。

調査上属性別の異動状況は、経営体が農業経営体か否かと密接に関連している（表１－ 10)。2005 年農業経営体のうち 10 年退出で名簿内が 31%・名簿外 14%と名簿内に残るものが多いのに対し、非農業経営体では名簿内２%・名簿外 51%とほとんどが名簿外へ退出した。また、10 年農業経営体では名簿内からの参入 22%が名簿外６%より多いのに対し、非農業経営体では２%・18%とほとんどが名簿外からの参入であった。なお、退出状況を農業地域類型[5)]の間で比べると、都市的地域では名簿外が、平地・中間農業地域では名簿内が相対的に多く、農業経営体の多寡を反映した形となっている。

拡張接続状況の違いにより、経営体の保有山林や経営活動に差異が観察される（表１－ 11)。名簿内経営体（名簿内へ退出、名簿内から参入）では、継続および名簿外経営体と比べ、保有する山林面積が小さく、居住・所在市

表１－ 10　経営体の農業・非農業別、農業地域類型別の異動状況構成比

	2005 年経営体数					2010 年経営体数				
	総数	10 年も継続		10 年退出		総数	05 年から継続		10 年参入	
		活動あり	活動なし	10 年名簿内	10 年名簿外		活動あり	活動なし	05 年名簿内	05 年名簿外
計	200,224	41%	11%	20%	28%	140,186	62%	13%	15%	10%
農業経営体	124,518	45%	11%	31%	14%	92,519	62%	10%	22%	6%
非農業経営体	75,706	35%	12%	2%	51%	47,667	61%	19%	2%	18%
都市的地域	16,037	42%	5%	14%	40%	10,502	65%	7%	14%	14%
平地農業地域	16,921	35%	10%	23%	32%	12,342	51%	11%	21%	17%
中間農業地域	72,946	41%	9%	25%	25%	51,056	62%	9%	19%	9%
山間農業地域	94,320	42%	15%	17%	26%	66,286	63%	18%	11%	8%

区町村外面積率が低い。林業作業実施率は、名簿内が名簿外や継続に比べてやや高い。林産物販売率は、名簿内が低い。おおよそ、2005年経営体で10年名簿内へ退出したものは、林業作業を比較的よく行っているが販売が少なく、10年経営体で05年名簿内から参入したものも同様な特徴がある。10年経営体で05年名簿外から参入したものは、作業実施率はやや低く販売率はやや高い。

以上をまとめると、経営体全体で退出・参入を見た場合、退出は名簿外へが多く、参入は名簿内からが多い。非農業経営体は農業経営体に比べて名簿外への退出・名簿外からの参入が多く、農業・非農業経営体間で退出・参入の捕捉過程が異なることを示している。また、継続・名簿内・名簿外別に保有山林や経営活動の状況に違いが見られることは、拡張接続状況と経営体状

表１－11　経営体の拡張接続状況別の保有山林・林業作業・林産物販売の状況

		2005年経営体				2010年経営体			
		総数	10年も継続	10年退出		総数	05年から継続	10年参入	
				10年名簿内	10年名簿外			05年名簿内	05年名簿外
経営体数	農業	124,518	69,087	38,557	16,874	92,519	66,983	20,300	5,236
	非農業	75,706	35,940	1,319	38,447	47,667	38,044	1,015	8,608
保有山林面積[ha/経営体]	農業	11.9	13.8	8.6	11.5	13.8	15.0	9.3	16.1
	非農業	56.9	83.0	22.6	33.8	81.8	80.3	14.1	96.2
保有山林のうち居住・所在市区町村外に所在の面積率	農業	8.4%	8.8%	6.9%	9.4%				
	非農業	41.7%	44.9%	10.9%	34.9%				
保有山林のうち他人に管理を任せている面積率	農業	3.6%	3.2%	3.1%	6.2%				
	非農業	10.1%	6.2%	5.1%	19.3%				
人工林率	農業	63%	64%	61%	64%				
	非農業	54%	52%	77%	57%				
作業(いずれか)(過去５年)実施率	農業	86%	85%	89%	84%	82%	81%	88%	72%
	非農業	75%	73%	81%	76%	70%	70%	74%	70%
作業(いずれか)(過去１年)実施率	農業	71%	73%	70%	66%	67%	65%	75%	58%
	非農業	55%	57%	57%	54%	52%	52%	56%	53%
林産物販売率(いずれか)	農業	7.5%	9.6%	4.3%	6.3%	10.8%	11.6%	8.1%	11.0%
	非農業	8.2%	10.3%	5.6%	6.3%	12.5%	12.5%	7.2%	13.4%

況の間に相関があることを示している。

退出・参入の捕捉過程が異なること自体は、直ちに客体の捕捉率の良否を示すものではない。ただ、名簿内に残るほうが次回調査時に捕捉が容易であることは想像され、非農業経営体の捕捉にあたっては、農業経営体に比べて多くの労力や複線的なルートでの把握の必要性が示唆される。将来もし捕捉率に差が生じるようだと、林業経営体の中身はしだいに農業経営体に偏ることも考えられよう[6)]。

5．継続経営体の特徴

本節では、継続経営体について、基本的属性となる保有山林面積の異動、および経営体所在地の異動の状況を検討する。

退出・参入も含めたすべての経営体について、保有山林面積階層の2005年から10年への異動を示したのが表１－12である。これは、従来から農業経営体（農家）について作成されている農業構造動態統計（経営体数の相関表）を模したもので、表側の2005年保有山林面積階層別の経営体が、表頭の2010年面積階層への異動および退出した数を示している。下から２つめの行は、2010年の参入経営体数を示している。2005年経営体全体の43％は10年も同じ面積階層に留まり、階層が上昇・下降した経営体は５％・４％であった。

継続経営体について面積異動を詳しく見るため、2005・10年の面積差（絶対値）が小さいほうから経営体構成比を累積したのが図１－４である。継続経営体全体では、面積差ゼロが55％を占め、±１ha未満（±0.99ha以下）までの累積で７割に達し[7)]、±10haまでの累積で９割を超える。しかし、保有山林面積階層別に見ると、大規模層ほど面積差のある経営体が多くなる。例えば1,000ha以上層では面積差ゼロは２割、±100ha以内でも５割に過ぎない。

次に、継続経営体について所在地の異動状況を観察した。表１－13は、

表１－12　経営体の2005・10年保有山林面積階層の異動

2010年 / 2005年	保有山林なし	3ha未満	3～5ha	5～10ha	10～20ha	20～30ha	30～50ha	50～100ha	100～500ha	500～1000ha	1000ha以上	継続計	退出	2005年経営体数	異動状況の構成比			
															面積階層が			退出
															下降	同じ	上昇	
保有山林なし	828	81	38	33	32	17	20	17	17	2	3	1088	873	1,961		42%	13%	45%
3ha未満	25	301	39	20	17	8	3	3		1		417	658	1,075	2%	28%	8%	61%
3～5ha	20	61	24,300	3,099	606	134	154	37	29	1	1	28,442	35,900	64,342	0%	38%	6%	56%
5～10ha	22	25	2,694	25,684	2,278	269	131	111	43	11	2	31,270	28,599	59,869	5%	43%	5%	48%
10～20ha	8	10	439	2,018	17,934	1,124	315	125	69	7	8	22,057	16,400	38,457	6%	47%	4%	43%
20～30ha	10	7	112	193	965	5,981	626	100	45	5	2	8,046	5,114	13,160	10%	45%	6%	39%
30～50ha	3	2	130	94	251	573	4,739	359	70	4	4	6,229	3,540	9,769	11%	49%	4%	36%
50～100ha	11		28	107	84	104	339	3,100	216	12	5	4,006	2,341	6,347	11%	49%	4%	37%
100～500ha	3		21	21	58	34	47	181	2,299	64	24	2,752	1,488	4,240	9%	54%	2%	35%
500～1000ha	4			7	2	1	1	8	39	258	41	361	151	512	12%	50%	8%	29%
1000ha以上	2			2	5	1	4	3	17	17	308	359	133	492	10%	63%		27%
継続 計	936	487	27,801	31,278	22,232	8,246	6,379	4,044	2,844	382	398	105,027	95,197	200,224	4%	43%	5%	48%
参入	363	856	13,248	9,986	5,754	1,897	1,349	848	653	107	98	35,159						
2010年経営体数	1,299	1,343	41,049	41,264	27,986	10,143	7,728	4,892	3,497	489	496	140,186						

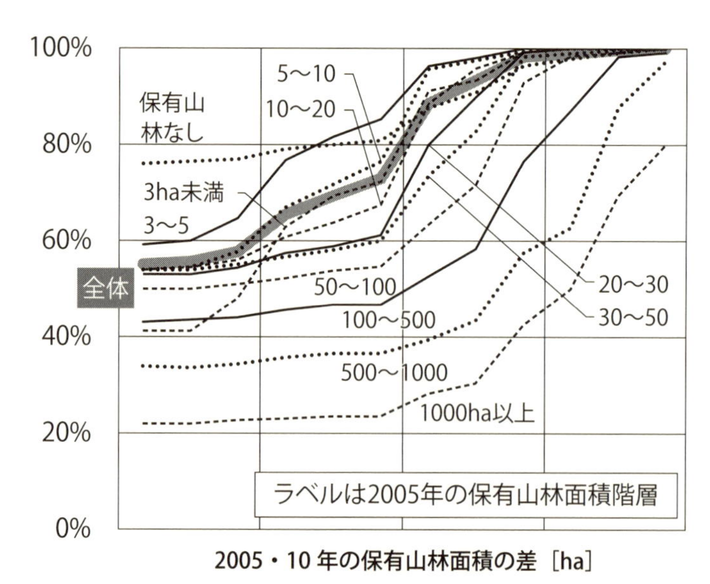

図１－４　継続経営体の 2005・10 年の保有山林面積の差による累積構成比

継続経営体の2005・10年の所在地コードがどのレベルまで同一か照合した結果である[8)]。2005・10年の間に合併のなかった市区町村に所在する継続経営体のうち、旧村まで同一のものが99.9％を占め、農業集落まで同一も99.4％であった。合併のあった市区町村に所在する継続経営体では、旧村レベルで99.8％が同一であった。農業集落と調査区は調査ごとに変更があり得るのでここで行ったコード照合は必ずしも正確でなく、また住所そのものの照合ではないが、継続経営体の所在地はほぼ変わっていないことが分かった（なお、県をまたぐ移動はなかった）。

表１－13　継続経営体の 2005・10 年所在地コードの照合状況

	所在の市区町村が	
	合併なし	合併あり
継続経営体数	66,161	38,866
市区町村コードが同一	66,144	38,862
旧村コードが同一 （対総数%）	66,078 (99.9%)	38,803 (99.8%)
農業集落コードが同一 （対総数%）	65,777 (99.4%)	
調査区コードが同一	64,439	

山村から都市へ

の転居や、他所居住世帯の山林相続といったケースが実際にどれだけ起きているかは分からない（林業経営体の多くを占める中高齢世帯の転居は少ない[9)]）が、ここで示される数字よりは多いのではないか。転居や相続は、継続ではなく退出・参入として把握される蓋然性が高いと思われる。

6．まとめ

本章では、入手した2005年・10年個票データについて、本書を通じて経営体分析の枠組みとなる組織形態別、家族・非家族別、受託有無別による経営体分類を示すとともに、個票データを接続して、継続・退出・参入の状況、組織形態の異動状況を把握した。また、調査上属性（拡張接続状況、活動有無）による異動の詳細を把握し、退出・参入した経営体の特徴、継続経営体の特徴を分析して、センサスが捉えた経営体の実相を探った。明らかになったこと、および推察されることを要約すると、

・2005年経営体が2010年も経営体である継続率は52.5%に過ぎず、退出と参入が相当な割合を占めている。継続率は、組織形態別には各種団体、その他法人、非法人でやや低く、都道府県別にはバラつきが見られる。保有経営体では面積が大きいほど継続率は高いが、1,000ha以上層でも27%が退出していた。受託経営体では、保有もある経営体の継続率は72%と高いが、保有がない経営体では50%にとどまる。

・継続経営体の組織形態の異動は相当数見られ、特に各種団体では４分の３が他の組織形態に変わっている。これには、回答時の選択の不安定さも要因として考えられる。

・経営体の８割は活動実績ありだが、継続して活動したのは半数に満たない。退出する経営体では名簿外が名簿内より多く、参入では名簿内からが多い。非農業経営体は農業経営体に比べ、名簿外への退出・名簿外からの参入が多い。継続および退出・参入の名簿内・外の相違により、保有山林や活動の状況に差異が見られ、両者の相関を示している。将来の捕捉状況

しだいでは経営体の中身が偏ることも考えられる。

・継続経営体では、保有山林面積増減が1ha未満の経営体が7割を占めるが、大規模層ほど面積増減した経営体数が多い。その所在地は農業集落レベルでほぼ変わっておらず、転居や他所居住者の相続は、継続ではなく退出・参入（第3節でいう擬退出・擬参入）として把握されると推察される。

これらの知見は、2005・10年に調査された経営体を接続して得られたものである。経営体の接続作業は、次章以降で取り上げていく経営体の活動変化把握にとどまらず、調査対象への理解を深めるため、その意義は大きい。

と同時に、調査の制約も感じられたところである。農林業センサスは、わが国の林業経営体を対象とする最も大規模で包括的な統計調査であるが、林業の場合、経営体の実態は、組織形態、山林保有の場所や箇所数、保有・受託状況、農業との関係などの面で実にさまざまであり、これを統一的に捕捉・調査することには困難もつきまとう。さらに第3節で詳細に検討したように、観測漏れによるバイアスのおそれは拭い去れない。これらの特徴や制約に留意した上で、センサスのデータを活用していくことが望まれる。

ここで、データ利用に関わる展望を若干述べておきたい。まず2015年センサスでは、本章で分析した状況は変わっているかもしれない。農林水産省統計部では2015年センサス実施にあたり、東日本大震災被災地域での客体把握や継続率向上のため、法令や関係官庁の協力の範囲で利用可能な行政情報は十二分に活用するスタンスで臨んだとのことであり（センサス担当者談）、その結果が待たれる。

利用データの面では、今回は林業経営体のみのデータを申請利用したが、非林業経営体のデータも用いることが考えられる。農林業経営体の範囲内ではあるが、林業・非林業経営体間の異動状況や経営活動の間断性に、より迫ることができるかもしれない。

継続経営体は、今回は提供された構造動態マスタにより抽出したが、追加で判定可能なら多いほうがもちろん望ましい。大規模な法人経営体については、名称や所在地情報を使って、事実上同一である経営体を判定したり、企業や法人ベースで集計して経営体を作出することが考えられる。経済統計では、経済センサスなど企業ベース集計が公表されるものがあり、また複数の統計調査をマッチングして企業パネルデータを作成した研究例もある（周防ほか、2009)。志賀（2013）が指摘する、大規模会社有林をはじめ各地に山林を保有し重層的管理体制を執る経営体の把握には、情報の踏み込んだ利用が必要かもしれない。

一方、家族や中小規模の経営体については、機械的な判定の適用が考えられる。特に所在地が変わる経営継承は現状ではほぼ把握されないと思われ、判定には困難も多いだろうが、経営継承による林業経営変化を捉えるには重要な課題となろう[10)]。

注

1）ミクロデータが提供される場合は法令で定められている。統計法第33条は、調査票情報（ミクロデータ）を提供できる場合として、第１号で「行政機関等その他これに準ずる者として総務省令で定める者」、第２号で「前号に掲げる者が行う統計の作成等と同等の公益性を有する統計の作成等として総務省令で定めるものを行う者」の２つを規定している。そして、統計法施行規則第９条は、この法第33条第２号でいう「前号に掲げる者が行う統計の作成等と同等の公益性を有する統計の作成等」に当たるものとして３つを挙げているが、そのうちの１つに、「その実施に要する費用の全部又は一部を公的機関が公募の方法により補助する調査研究に係る統計の作成等」がある。科学研究費補助金を受けて行う研究は、これに該当する。そこで、今回われわれの研究グループは、あらかじめ個票データを用いたセンサス分析を内容とする科学研究費補助金を申請した。そして、その交付を受けた後に、所定の手続きに従って、科研費を受ける研究プロジェクトを実施する目的で調査票情報提供を申し出る旨の申請を行い、その結果、調査票情報の提供を得ることができた。

2）退出や参入に意味がある場合、継続する経営体だけを取り出し、その活動状況の変化を見る分析では、対象が全体とは違い、継続分だけであることには注意が必要となる。すなわち、一定の経営体の集団の活動規模の変化を見る場合、継続調査対象の経営体だけの規模の変化は、退出者や参入者の規模の分布によって、それらも含めた全体の規模の変化とは異なる結果となることには、注意が必要である。

3）調査上の便宜のため、退出して実査対象でなくなった・参入前で対象でなかった経営体についても所在地コードのみ記載している場合があり、2010年退出経営体でコード記載のあるものを「10名簿内」、記載のないものを「10名簿外」、同様に参入経営体を2005年所在地コードの有無で「05名簿内」「05名簿外」と分類した。「名簿」はあくまで筆者の呼称だが、名簿内であれば調査対象ではないが客体の所在は確認されたことを意味する（2014年10月農林水産省統計部センサス担当者へのヒアリング）。

4）林業の外形基準（「はじめに」参照）のうち活動実績を示す項目（過去５年間に林業作業（植林、下刈りなど、間伐、主伐）のいずれかを実施または過去１年間に林産物を販売、受託・立木買いによる過去１年間の素材生産量が200m^{3}以上、過去１年間に林業作業いずれかを受託）のいずれかに該当する経営体を「活動あり」、どれにも該当しない経営体を「活動なし」と分類した。「活動なし」は、森林施業計画を策定していたことにより林業経営体と判定されたことになる。

5）農業地域類型は、農林水産省ホームページから第１次分類（都市的／平地／中間／山間農業地域）を取得し、2005年・10年とも同じ区分を旧村単位で割り当てた。

農林水産省（2008）農業地域類型区分一覧（旧市区町村別）（平成20年６月

16 日改正）

http://www.maff.go.jp/j/tokei/census/afc/2010/05houkokusyo.html

の tiiki_ruikei.xls

6）もっとも農業経営体にも流動的な面があり、例えば集落営農に参加した農家が農業経営体の外形基準を満たさなくなった場合、非農業経営体にカウントされると思われる。

7）保有山林面積の回答欄の最小桁は a（アール）であるが、データでは 2005・10 年の一方は ha までの値、一方は a までの値の場合が散見される。± 1 ha 未満の差なら、面積変更なしと見なすこともできよう。

8）市区町村の合併前後の対応付けのため、2005 年２月１日・10 年２月１日現在の市区町村の対応表を、e-Stat の廃置分合等情報を基に作成して用いた（政令指定都市移行で行政区が設置された新潟市・静岡市・浜松市・堺市・岡山市、分村編入した山梨県上九一色村は、農林業センサスにおける旧村ないし農業集落レベルで対応付けた）。

e-Stat 市区町村名・コード > 廃置分合等情報を探す

http://www.e-stat.go.jp/SG1/hyoujun/initialize.do

9）辻（2010）は、住宅・土地統計調査結果をもとに世帯の１年間の転居率を試算し、家計を主に支える者が 65 ～ 69 歳では 1.7％、うち持ち家所有者では 1.0％としている。また個人の転居率になるが、2010 年国勢調査で５年前常住地が現住所以外である者の割合は農業・林業就業者で 5.8％、65 ～ 69 歳で 7.9％であった（総務省統計局、2014）。

10）第５節で検討した継続経営体の面積変化・所在地異動の特徴を踏まえ、接続しない経営体の中から継続経営体の組を発見できないか試みた（同一県内において、所在地・面積・世帯員構成の類似を条件に機械的判定）。継続率の低い県などで若干個の候補が見つかったものの、判定の過誤や偏りのおそれもあるので、分析には用いなかった。

参考文献

志賀和人（2013）林業経営体の統計把握と森林経営概念．興梠克久編著『日本林業の構造変化と林業経営体―2010年林業センサス分析―』、農林統計協会、42-44.

周防節雄・古隅弘樹・宮内環（2009）法人企業統計調査と事業所・企業統計調査の統合データによる企業データベース：1983～2005年．統計数理、57（2）：277-303.

総務省統計局（2014）平成22年国勢調査最終報告書「日本の人口・世帯」、第10章　居住期間及び5年前の常住地.

辻明子（2010）高齢者の医療の近接性と人口移動．「まちなか集積医療」の提言、NIRA研究報告書、2010年3月、64-78.

第2章

素材生産の活発化とその担い手

藤掛一郎

１．はじめに

戦後造林資源が成熟期を迎え、我が国の素材生産量は2002年を底に増加に転じた。木材統計によると、2000年代後半の素材生産量は2004年の15,615千m^3から2009年の16,619千m^3へと、1,004千m^3、6.4％増加した。この時期の素材生産の活発化をセンサスの林業経営体調査がどのように捉えたかを明らかにすることが、本章の課題である。

センサスでは、素材生産量を山林を保有する経営体（以下、保有経営体）が保有山林において自ら生産した量と、受託立木買いを行う経営体（以下、受託経営体）が受託立木買いによって生産した量とに分けて、すべての経営体を対象に調べている。したがって、木材統計では分からない、素材生産量の保有山林・受託立木買い別の内訳、そしてそれらの素材生産がどのような経営体によって担われているかを詳しく見ることができる。本章の分析では、保有経営体と受託経営体のそれぞれについて独自の経営体タイプ区分を導入し、この経営体タイプ、さらに地域と経営体の規模に着目して、どこで誰が素材生産を活発化させているのかを明らかにすることを課題とした。２で経営体のタイプ区分を導入した上で、３で受託立木買い、保有山林を含めた全体、４で受託立木買い、５で保有山林それぞれについて、素材生産量変化の分析結果を提示する。

２．林業経営体の区分

２．１．林業経営体全体の動向

はじめに2000年代後半における林業経営体の異動を見ておこう。林業経営体には、山林を保有する保有経営体と受託立木買いを行う受託経営体があるが、なかにはこの両方に該当する経営体もある。そこで表２－１は、この重なりがないように、林業経営体全体を、受託経営体と受託がなく保有のみ行う保有のみ経営体の２つに分け、さらに、家族経営体かどうかで区分して、05年、10年の経営体数、その間の異動状況を見たものである。全体と

表2－1　林業経営体の異動

		2005年	退出	継続	参入	増減			2010年
						参入退出	継続	計	
		a	b	c=b-a	d	e=d-b	f	g=e+f	h=a+g
保有のみ経営体	家　族	174,322	82,740	91,582	30,316	-52,424	-824	-53,248	121,074
	非家族	19,229	9,900	9,329	2,837	-7,063	144	-6,919	12,310
	計	193,551	92,640	100,911	33,153	-59,487	-680	-60,167	133,384
受託経営体	家　族	3,490	1,424	2,066	1,641	217	811	1,028	4,518
	非家族	3,183	1,133	2,050	365	-768	-131	-899	2,284
	計	6,673	2,557	4,116	2,006	-551	680	129	6,802
計		200,224	95,197	105,027	35,159	-60,038	0	-60,038	140,186

注：退出は2005年の林業経営体のうち2010年に林業経営体として観測されなかった経営体、継続は観測された経営体である。参入は2005年に林業経営体として観測されず、2010年に観測された経営体である。増減の参入退出分は参入経営体数から退出経営体数を引いたもので、継続分は継続経営体のうちタイプ間の異動による増減で、その全タイプの計は0となる。2010年の各タイプの経営体数は2005年の経営体数に2種類の増減を加えたものとなる。

しては、保有のみ経営体は5年間で大幅に減ったのに対し、受託経営体はわずかではあるが129経営体（1.9％）増加した。

詳しく見ると、特に継続経営体の中で、家族の保有のみ経営体が800経営体ほど減り、受託経営体がほぼ同じ分だけ増えていることが分かる。表2－2は継続経営体だけを取り出し、区分間の異動を見たものである。家族経営体において保有のみ⇄受託間の異動が多いが、特に受託を始めた経営体が

表2－2　林業経営体の異動（継続経営体のみ）

		2010年				
		保有のみ		受託		
2005年		家族	非家族	家族	非家族	計
保有のみ	家族	89,496	415	1,638	33	91,582
	非家族	243	8,848	13	225	9,329
受託	家族	967	9	1,030	60	2,066
	非家族	52	201	196	1,601	2,050
計		90,758	9,473	2,877	1,919	105,027

1,638と多かったことが見てとれる。このように、この時期、家族経営体の中で、保有山林を経営するだけでなく、新たに受託立木買いを開始する動きがあったことが顕著であった。

２．２．受託経営体の区分

次に、受託経営体と保有経営体のそれぞれについて、どのようにタイプ区分したかを説明する。まず、受託経営体については表２－３のように区分した。すなわち、家族であるかまたは法人でない経営体と、法人でありかつ家族でない経営体とに分け、さらに、前者は農業経営体であるか否かで分け、後者は森林組合とその他の会社等に分けた。

少々細かい区分になったが、ここで家族と非法人を１つにしたのは、経営体の異動を精査したところ、同じ経営体が2005年には非家族であったのに2010年に家族となった事例が比較的多かったためである。この不自然な異動には、調査票の設問語句の変更が影響しているのではないかと考えられたため、初めから非家族でも非法人の経営体は家族経営体と合わせた区分にした[1)]。表２－３はこのタイプ区分に従って受託経営体の異動を見たものである。先に見たように、受託経営体全体では129経営体の増であるが、タイプ別では増加があったのは農業を営む家族・非法人だけであり、他のタイプは農業を営まない家族・非法人を筆頭に全て経営体数を減らしている。

表２－３　受託経営体の異動

		2005年	退出	継続	参入	増減			2010年
						参入退出	継続	計	
		a	b	c=a-b	d	e=d-b	f	g=e+f	h=a+g
家族または非法人	農業	2,348	1,645	703	2,608	963	17	980	3,328
	非農業	1,984	1,196	788	811	-385	-24	-409	1,575
法人かつ非家族	会社等	1,532	685	847	418	-267	-2	-269	1,263
	森林組合	809	260	549	78	-182	9	-173	636
計		6,673	3,786	2,887	3,915	129	0	129	6,802

2．3．保有経営体の区分

保有経営体には、受託のある経営体と受託がなく保有のみの経営体とがある。このうち、素材生産量の分析では主に保有のみ経営体だけを取り上げた。受託もある保有経営体は、受託経営体としての性格が強く、純粋な保有経営体の行動を把握するには、多数を占める保有のみ経営体だけを捉える方が得策と考えたためである。また、森林組合が山林を保有し、保有山林で素材生産を行っている場合が少数あるが、これも例外的なものとみなし、以下の分析からは除外した。

その上で、保有のみ経営体を次の５つに区分した。まず、家族経営体については、やはり農業経営体であるか否かで２つに区分した。非家族経営体は組織形態によって、会社と公有をまず区分し、この２つ以外の、非法人と各種団体、その他法人、生産森林組合、財産区は共的保有として一まとめとした。非家族非法人は複数人名義の共有が多く、その中には慣行共有の性質を持つものもあれば、純粋に数名の共同経営といったものもあると思われる。非家族各種団体は、旧部落有林野や部分林組合などが、その他法人は社寺などの宗教法人が多いと見られる。

表２－４は分析対象となった保有経営体のタイプ別経営体数と保有山林面積を見たものである。また、総計は分析対象外の保有経営体も含めた総数で

表２－４　経営タイプ別の経営体数

		2005年				2010年			
		経営体数		保有山林面積		経営体数		保有山林面積	
		経営体	%	ha	%	計	%	ha	%
家族	農業	121,815	61.8	1,354,944	23.4	88,585	64.4	1,106,774	21.4
	非農業	52,507	26.6	878,160	15.2	32,439	23.6	589,366	11.4
非家族	会社	1,493	0.8	597,008	10.3	1,062	0.8	574,939	11.1
	共的	16,715	8.5	1,138,929	19.7	10,485	7.6	1,026,456	19.8
	公有	961	0.5	1,373,684	23.7	687	0.5	1,339,580	25.9
計		193,491	98.1	5,342,725	92.3	133,258	96.9	4,637,115	89.6
総計		197,188	100.0	5,788,676	100.0	137,544	100.0	5,177,451	100.0

あるが、分析対象は経営体数で97～98%、保有面積では90～92%を占める。

３．素材生産量全体の変化

保有山林におけるものと受託立木買いによるものとを合わせた、センサスが把握した素材生産量は、05年には13,824千m^3、10年には15,621千m^3で、５年間で1,797千m^3（13.0%）増加した。センサスは２月に調査を行い、過去１年間について聞いているので、木材統計で2004年と2009年の値を見ると、2004年の15,615千m^3から2009年の16,619千m^3へ1,004千m^3（6.4%）の増加であり、センサスにおける増加はこれをかなり上回った。05年、10年ともセンサスの素材生産量は木材統計のそれより小さく、木材統計に対して捕捉率が高まったという見方もできるが、実態は不明である。以下では、この1,797千m^3の増加がいかに生じたかを分析していくこととする。

表２－５は保有山林での生産、受託立木買いによる生産に分けて、素材生産量の変化を見たものである。いずれも伸びている。受託立木買いの伸びが994千m^3で、保有山林の803千m^3を上回るが、伸び率では、保有山林の伸びが倍ほど大きく、保有山林における生産の構成比は28%から30%へと若干増加した。

全国計では、このように保有山林での生産と受託立木買いによる生産が拮抗して伸びているが、表２－６で地域別に見ると、地域ごとの違いが顕著である。素材生産量を伸ばした地域が多いが、関東東山、近畿、中国は減らした。素材生産量計の増加が大きいのは、東北、九州、北海道、四国の順であ

表２－５　素材生産量とその変化（保有山林＋受託立木買い）

	2005年		増減（m^3）				2010年	
	m^3	構成比%	参入退出	継続	計	伸び率%	m^3	構成比%
保有山林	3,901,994	28.2	13,716	789,099	802,815	21.0	4,704,809	30.1
受託立木買い	9,921,676	71.8	-1,030,011	2,024,217	994,206	10.0	10,915,882	69.9
計	13,823,670	100.0	-1,016,295	2,813,316	1,797,021	13.0	15,620,691	100.0

るが、このうち北海道と四国では、受託立木買いは減っており、もっぱら保有山林での素材生産が増えている。対照的に、東北と九州は保有山林も受託立木買いも伸びており、かつ両者とも受託立木買いの増加の方がかなり大きい。関東東山から東海、近畿、中国までは保有山林での生産は減っており、近畿、中国では受託立木買いの生産も減っている。北陸は、両者増えており、かつ保有山林の増加が若干大きい。

表２－６では、木材統計における同時期の素材生産量の地域別変化を並べ、センサスの結果を比較している。全体としてセンサスの方が生産量の増加の方向に強く出ているが、東北が最も伸び、九州がそれに次ぐといった地域的傾向は共通している。ただし、大きく違うのが北海道と関東東山である。北海道はセンサスでは九州に次ぐ増産であるが、木材統計では若干のマイナスである。関東東山はセンサスではマイナスだが、木材統計では九州に次ぐ増産となっている。この関東東山については、センサスでは保有山林での生産のみ減っている。後に見るように保有山林での素材生産は経営体のタイプでは会社が大きく減らしている。これを考え合わせると、センサスで関東東山が減産となったのは、関東本社所在で他地域に山林を持つ会社有林の

表２－６　地域別素材生産量の５年間の増減

	保有山林 (千 m^3)	受託立木買い (千 m^3)	計 (千 m^3)	木材統計 (千 m^3)
北海道	416	-112	304	-40
東北	213	684	897	524
北陸	52	35	87	15
関東東山	-167	118	-49	254
東海	-40	42	2	-139
近畿	-5	-94	-98	-27
中国	-19	-23	-42	22
四国	204	-34	170	47
九州	149	378	527	348
計	803	994	1,797	1,004

注：木材統計に合わせ、この表では単位を千 m^3 とした。

影響が大きいかもしれない。そして、逆に北海道ではそうした会社有林での減産がセンサスでは含まれないため、大きな増産が記録されたのかもしれない。この点については留意が必要である。

４．受託立木買いによる素材生産の変化

４．１．生産量変化

受託立木買いによる素材生産について、表２－７で受託経営体のタイプ別の変化を見ると、５年間の増分は、森林組合が523千m^3と最も大きく、次いで会社等が461千m^3、農業を営む家族・非法人400千m^3と続く。会社等と森林組合では継続経営体の拡大が顕著、農業を営む家族・非法人では新規参入（保有のみ経営体からの移動を含む）による伸びが顕著である。

農業を営まない家族・非法人だけは生産を減らしている。表２－３で見た通り、このタイプは経営体数も大きく減った。とはいえ、10年時点でも生産量シェアで農業を営む家族・非法人をまだ上回っている。農業を営む家族・非法人と比べて、より林業専業的な小規模家族・個人経営と思われる。

佐藤（2014）は自伐林家に着目する中で、家族経営体が保有山林においても、受託立木買いにおいても、非家族経営体より生産量の増加率が高かったことを取り上げている。しかし、既述の通り、調査票の質問内容の変更に誘発された可能性のある非家族非法人経営体の家族経営体への移行の影響が考えられ、家族経営体が受託立木買いによる生産量を顕著に増加させたことに

表２－７　受託立木買いによる素材生産量とその変化

	2005年		増減（m^3）			2010年	
	m^3	%	参入退出	継続	計	m^3	%
農業	768,733	8	191,626	208,860	400,486	1,169,219	11
非農業	1,786,195	18	-492,272	101,974	-390,298	1,395,897	13
会社等	4,869,770	49	-391,623	852,761	461,138	5,330,908	49
森林組合	2,496,978	25	-151,191	674,071	522,880	3,019,858	28
計	9,921,676	100	-843,460	1,837,666	994,206	10,915,882	100

表２－８　地域別に見た素材生産量の５年間の増減（m^3）

	保有山林	受託立木買い					計
		農業	非農業	会社等	森林組合	計	
北海道	416,121	-7,731	16,097	-302,531	182,332	-111,833	304,288
東北	212,548	133,147	-114,610	556,794	108,913	684,244	896,792
北陸	52,442	-3,478	-22,442	-13,650	74,410	34,840	87,282
関東東山	-167,003	15,717	7,152	91,134	3,798	117,801	-49,202
東海	-39,700	8,508	-55,055	11,386	76,795	41,634	1,934
近畿	-4,590	327	-67,840	-77,300	51,116	-93,697	-98,287
中国	-19,354	-57,581	-47,780	65,170	17,459	-22,732	-42,086
四国	203,525	16,141	-35,968	-24,733	10,582	-33,978	169,547
九州	148,826	295,436	-69,852	154,868	-2,525	377,927	526,753
計	802,815	400,486	-390,298	461,138	522,880	994,206	1,797,021

ついては、今回のように非家族非法人を家族に含めて集計すれば、結論が変わることに注意が必要である。ただし、家族・非法人のうち農業経営体に限れば、経営体数も生産量も大きく伸びている。

表２－８では、地域別に経営体タイプ別の生産量変化を見た。保有山林での素材生産量は参考のために併記した。この間、受託立木買いによる素材生産を大きく伸ばした東北と九州については、東北では特に会社等の伸びが顕著であり、九州では家族農業が会社等の２倍も増やしているのが特徴的である。他の地域では、森林組合の増加が目立つところが多い。北海道、北陸、東海、近畿がそうである。一方、関東東山と中国では会社等の増加が目立つ。減少が目立つのは北海道の会社等であり、北海道ではこれに引きずられて、受託立木買い全体もマイナスであった。

４．２．主間伐作業受託立木買い面積

受託立木買いについては、それによる素材生産量が分かる他、植林、下刈りなど、間伐、主伐の作業面積も調べられている。ここでは、素材生産に関わる間伐と主伐の作業面積の変化を見ていこう[2)]。表２－９が地域別に間伐

表２－９　地域別に見た間伐・主伐作業受託立木買い面積の増減（ha）

	間伐			主伐		
	2005年	2010年	増減	2005年	2010年	増減
北海道	48,695	46,041	-2,654	33,849	20,045	-13,804
東北	35,700	58,354	22,655	31,778	15,947	-15,831
北陸	9,412	9,358	-54	2,140	379	-1,762
関東東山	33,001	30,836	-2,165	7,297	4,282	-3,015
東海	43,940	30,743	-13,197	11,068	1,502	-9,566
近畿	24,918	22,773	-2,146	3,594	1,039	-2,555
中国	24,414	19,245	-5,170	5,516	2,411	-3,105
四国	28,663	19,912	-8,751	2,192	2,110	-82
九州	40,096	52,848	12,752	11,412	14,748	3,336
計	288,838	290,108	1,270	108,847	62,464	-46,383

と主伐の作業面積の変化を見た結果である。全体として間伐面積はほぼ変化がなく、主伐面積は43％と大幅に減っている。間伐面積には切り捨て・利用の両方が含まれるため、素材生産量増加は切り捨て間伐から利用間伐への転換によるものと考えられる。

素材生産量の大きく増えた東北と九州を見ると、東北では間伐が大幅増、九州では間伐、主伐とも増であるが、それ以外の地域は間伐、主伐とも減である。東北、九州に次いで受託立木買いによる素材生産量が増加した関東東山では、主伐は大きく減ったが、間伐が７％減にとどまっている。主伐は九州で増えたのに加え、四国でほぼ変化なしなど、南から主伐が始まっていることが現れているのかもしれない。東北など地域によっては天然林広葉樹伐採が縮小していることを反映している可能性もある。

４．３．素材生産規模

受託立木買いによる素材生産の実績のある受託経営体を素材生産受託経営体とし、表２－10はその５年間の生産規模別の異動を見たものである。素材生産受託経営体は05年に3,993経営体、10年に3,399経営体と15％の減

表２－10　素材生産受託経営体の規模別異動

規模 m^3	2005年	退出	継続	参入	増減			2010年
					参入退出	継続	計	
～0.1千	596	490	106	625	135	43	178	774
0.1～1千	1,710	1,086	624	630	-456	-75	-531	1,179
1～5千	1,186	532	654	301	-231	-52	-283	903
5～10千	297	117	180	76	-41	28	-13	284
10～30千	180	62	118	52	-10	46	36	216
30千～	24	10	14	19	9	10	19	43
計	3,993	2,297	1,696	1,703	-594	0	-594	3,399

少であった。素材生産規模別には、小規模層が大きく退出超過、また継続経営体でも上層移動により純減であり、規模拡大の傾向が見られた。

表２－11は規模別の生産量変化を見たものであるが、生産量シェアでは、10千 m^3 以上の経営体の生産分が05年には39％であったのが、10年には54％まで増加した。表２－12で経営体タイプ別に見ると、10千 m^3 以上層が拡大する構図は家族・非法人の農業、非農業も含めいずれの経営体タイプでも起こっている。最小規模層である100m^3 以下層は特に家族・非法人の農業で増加したが、全体としてはシェアが0.3％のままで、素材生産量全体の拡大にはほとんど貢献していない。

農業を営む家族・非法人でも生産増加に寄与したのは、10千 m^3 以上を生産する経営体であり、現時点では小規模な家族経営の生産増加に対する貢献

表２－11　規模別に見た素材生産受託経営体の生産量とその変化

	2005年		増減（m^3）			2010年	
	m^3	%	参入退出	継続	計	m^3	%
～0.1千	32,566	0	2,961	2,189	5,150	37,716	0
0.1～1千	793,590	8	-202,550	-51,591	-254,141	539,449	5
1～5千	2,980,982	30	-512,948	-73,741	-586,689	2,394,293	22
5～10千	2,203,983	22	-316,885	195,569	-121,316	2,082,667	19
10～30千	2,909,935	29	-188,965	778,019	589,054	3,498,989	32
30千～	1,000,620	10	616,986	745,162	1,362,148	2,362,768	22
計	9,921,676	100	-601,401	1,595,607	994,206	10,915,882	100

表２－12　経営タイプ別・規模別に見た素材生産受託経営体の生産量の５年間の増減（m^3）

	～0.1 千m^3	0.1～1 千m^3	1～5 千m^3	5～10 千m^3	10～30 千m^3	30 千m^3～	計
農業	6,036	-21,801	28,028	-10,577	137,100	261,700	400,486
非農業	-153	-136,603	-211,391	-116,337	110,791	-36,605	-390,298
会社等	-13	-66,362	-376,085	-39,946	124,941	818,603	461,138
森林組合	-720	-29,375	-27,241	45,544	216,222	318,450	522,880
計	5,150	-254,141	-586,689	-121,316	589,054	1,362,148	994,206

は限定的であった。先行して2010年センサスを分析した興梠（2013）は素材生産（保有山林と受託立木買い含む）の規模階層分布の変化について、50m^3未満階層と5,000m^3以上階層の経営体が増え、50～5,000m^3階層の経営体が減っていたことから、「中規模層の落層化と一部大規模層の増加傾向」があったとした。また、川崎（2013）は受託立木買いによる素材生産についての同様の観察から、「素材生産量規模の二極化が進んでいる」とした。同様のことは今回は表２－10によって確かめられた。しかし、小規模層（今回の分類では100m^3以下層）は数こそ大きく増えたものの、表２－12から分かる通り、生産増加への貢献はほとんどなかった。小規模層のうちには、今後規模拡大して大きな生産力となるものもあるかもしれない。しかし、小規模層は参入退出も激しく、あまり大きな生産力とならないのかもしれない。2015年の結果をさらに接続できれば、そうした動態についても追跡することができるであろう。

５．保有山林での素材生産

５．１．生産量変化

表２－13は保有山林での素材生産量の変化を保有のみの経営体と受託もある保有経営体に分け、さらに家族・非家族で分けて示したものである。保有のみ経営体では、家族、非家族とも増産であるのに対し、受託のある経営体では、家族と非家族で変化が異なる。家族の受託あり経営体では生産量が

表２－13　受託あり経営体を含めた保有山林での素材生産量とその変化

		2005年	増減（m^3）			2010年
			参入退出	継続	計	
保有のみ経営体	家族	1,794,980	-87,178	386,079	298,901	2,093,881
	非家族	1,046,706	161,900	267,356	429,256	1,475,962
受託あり経営体	家族	217,372	-2,097	175,797	173,700	391,072
	非家族	842,936	-58,909	-40,133	-99,042	743,894
計		3,901,994	13,716	789,099	802,815	4,704,809

174千m^3、増加率にして80％と極めて大きな増産となっているのに対し、非家族では減産である。表２－１、２－２で、この５年間には受託を開始した家族経営体が多くあった。表には示していないが、保有も受託もある家族経営体の数は、05年の2,365経営体から10年には3,017経営体へと増加した。さらに、このタイプでは１経営体当たりの生産量も05年の92m^3から10年の130m^3へと伸びており、合わせて174千m^3の増産となったものである。いずれにせよ、受託を始めた保有経営体は、保有山林での生産も活発化させているのではないかと見られる。一方、非家族の受託経営体は経営体数が減った影響があっただけでなく、継続経営体の間でも減産であった。

以上のことを確認した上で、以下では、保有のみ経営体による生産に限って、詳細を見ていくこととする。保有のみ経営体の増産量は合計で728千m^3であり、保有山林での素材生産量の増産分の91％を占めている。

表２－14は保有のみ経営体の保有山林での素材生産について、経営体タイプ別の変化を見たものである。ここでの計の数値が表２－14の保有のみ経営体の合計数値より若干小さいのは、森林組合を除外したためである。経営体タイプ別では、会社で生産量が減少している。一方、家族農が295千m^3、次いで公有が230千m^3と増加が大きかった。伸び率で見れば、公有が164％の伸び、共的保有も62％増で、家族農の27％増、家族非農の１％増を上回った。

表２－15は保有山林の規模別に生産量の変化を見たものであるが、小規

表２－14　保有のみ経営体の保有山林での素材生産量とその変化

	2005年	増減（m^3）			2010年
		参入退出	継続	計	
家族農	1,099,184	-656	296,046	295,390	1,394,574
家族非農	695,796	-86,528	90,030	3,502	699,298
会社	554,235	52,339	-84,424	-32,085	522,150
共的	351,764	103,766	115,758	219,524	571,288
公有	140,101	4,425	225,169	229,594	369,695
計	2,841,080	73,346	642,579	715,925	3,557,005

注：森林組合を除く保有のみ経営体についての集計である。

表２－15　保有山林規模別の保有山林での素材生産量とその変化

	2005年	増減（m^3）			2010年
		参入退出	継続	計	
-20ha	952,044	26,348	332,911	359,259	1,311,303
-100ha	796,424	10,305	152,882	163,187	959,611
-1,000ha	664,355	-66,342	105,311	38,969	703,324
1,000ha-	428,257	103,035	51,475	154,510	582,767
計	2,841,080	73,346	642,579	715,925	3,557,005

注：森林組合を除く保有のみ経営体についての集計である。

模層（～20ha）の素材生産量の増加が大きかったことが分かる。20ha以下の生産シェアは05年の33％から10年の37％へと高まった。

表２－16は経営体タイプ別、規模別に５年間の生産量変化を見たものであるが、家族農、家族非農では小規模層、中規模層（20～100ha）の増加に対し、大規模層（100～1,000ha）、超大規模層（1,000ha～）は減少しており、対照的である。会社は全体として減らしているが、これは超大規模層の減少によることが分かる。共的はどの階層も増加であり、公有は超大規模層が活発化している。ちなみに、表２－17は2010年において経営体タイプ別に規模階層の面積シェアを見たものである。例えば会社と公有林はほとんどが超大規模層で占められるが、この層において、前述の通り、生産を減らした会社と生産を増やした公有林では対照的な動きとなった。

表２－18は地域別、経営体タイプ別に保有山林での素材生産量の５年間の変化を見たものである。受託立木買いによる生産量の変化は参考のために併記した。公有は全地域で、共的と家族農は２地域を除き増えているが、家族非農と会社は地域によって大きく伸ばした地域と大きく減らした地域の差

表２-16　保有山林規模・経営体タイプ別の保有山林での素材生産量の５年間の変化（m^3）

	家族農	家族非農	会社	共的	公有	計
-20ha	289,511	49,278	-9,149	30,281	-662	359,259
-100ha	28,604	33,710	8,515	94,304	-1,946	163,187
-1,000ha	-18,966	-75,737	68,366	44,590	20,716	38,969
1,000ha-	-3,759	-3,749	-99,817	50,349	211,486	154,510
計	295,390	3,502	-32,085	219,524	229,594	715,925

注：森林組合を除く保有のみ経営体についての集計である。

表２－17　保有山林規模の保有山林面積比率（2010年）

	家族農	家族非農	会社	共的	公有	計
-20ha	47.4	32.3	0.6	4.7	0.1	16.5
-100ha	37.7	34.7	2.4	13.8	0.5	16.9
-1,000ha	12.8	27.58	14.8	39.2	8.6	19.6
1,000ha-	2.1	5.4	82.2	42.3	90.9	47.0
計	100.0	100..0	100.0	100.0	100.0	100.0

注：森林組合を除く保有のみ経営体についての集計である。

表２－18　地域別に見た素材生産量の５年間の変化（m^3）

	受託立木買い	保有山林					
		家族農	家族非農	会社	共的	公有	計
北海道	-111,833	83,239	103,180	57,426	11,801	78,333	333,979
東北	684,244	27,247	47,789	-38,428	-677	40,894	76,825
北陸	34,840	16,710	8,365	7,077	5,686	828	38,666
関東東山	117,801	18,717	-65,725	-21,298	47,966	22,878	2,538
東海	41,634	-72,284	2,017	-5,167	26,775	4,201	-44,458
近畿	-93,697	21,810	-49,157	-2,418	54,908	3,464	28,607
中国	-22,732	-3,140	-39,657	-311	-21,596	7,058	-57,646
四国	-33,978	138,505	-16,152	56,589	14,239	24,417	217,598
九州	377,927	64,586	12,842	-85,555	80,422	47,521	119,816
計	994,206	295,390	3,502	-32,085	219,524	229,594	715,925

が大きい。北海道と東北では家族非農と公有の増加が大きいことが特徴として挙げられる。関東東山、東海、近畿では共的の伸びが目立つ。四国は家族農の伸びが大変大きい。九州は共的と家族農の伸びが大きい。また、九州では会社が大きく減らしている。会社は東北でも減らしており、生産増加上位地域４つのうち保有山林での生産増加が大きかった北海道・四国と受託立木買いでの生産増加が大きかった九州・東北との違いの一端はこの会社有林の動向にあるようにも思われる。ただし、先に述べたように、会社有林の動向については、木材統計との比較からすると、関東に本社を置く会社が北海道の社有林で減産しているといった可能性が考えられ、注意が必要である。

５．２．人工林面積当たり生産量

表２－19～21は、人工林1ha当たりの素材生産量に着目し、保有規模・経営体タイプ別に05年実績、10年実績、５年間の変化を見たものである。05年は保有山林の人工林面積が分かるが、10年は保有山林面積しか分からない。そこで、10年については、05年の人工林/保有山林面積比率が各規模・タイプにおいて10年も同じだと仮定して、この比率と10年の保有山林面積から人工林面積当たりの生産量を算出した。

タイプ別では、もともと05年に面積当たりの生産が多いのは、会社＞家族農≒家族非農＞共的＞公有の順であったが、10年には、会社だけが値を下げ、それに0.6～0.7m^3/ha伸ばした家族農、家族非農が追いつき、追い越してきた。また、共的、公有も0.4m^3/ha程度値を上げたが、家族農、家族非農ほどではなく、その差は開いた。ただし、ここでの素材生産量は保有山林で自ら伐採した生産量だけであり、生産を委託したり、立木売りをした分を含んでいない。家族経営体よりも会社や共的、公有では、委託や立木売りが多いことも想像される。

規模別には、もともと小規模層ほど活発だが、この５年間にその差がさらに開いた。家族農、家族非農、会社、共的は小規模、中規模層の活発化が顕

表2－19　05年人工林ベース1ha当たり素材生産量（m^3/ha）

	家族農	家族非農	会社	共的	公有	計
-20ha	1.113	1.240	12.374	2.035	0.675	1.283
-100ha	1.436	0.998	4.394	0.602	0.606	1.197
-1,000ha	1.525	1.439	2.165	0.511	0.393	0.986
1,000ha-	0.728	0.517	1.456	0.108	0.199	0.481
計	1.266	1.182	1.910	0.542	0.243	0.956

表2－20　10年人工林ベース1ha当たり素材生産量（m^3/ha）

	家族農	家族非農	会社	共的	公有	計
-20ha	2.347	2.374	16.210	4.353	0.000	2.549
-100ha	1.834	1.671	7.306	1.909	0.630	1.890
-1,000ha	1.193	1.356	3.497	0.824	0.801	1.268
1,000ha-	0.003	0.533	0.984	0.304	0.656	0.633
計	1.966	1.770	1.869	0.977	0.659	1.379

表2－21　05～10年人工林ベース1ha当たり素材生産量の変化（m^3/ha）

	家族農	家族非農	会社	共的	公有	計
-20ha	1.234	1.134	3.835	2.318	-0.675	1.266
-100ha	0.399	0.672	2.913	1.307	0.024	0.693
-1,000ha	-0.333	-0.083	1.332	0.312	0.407	0.282
1,000ha-	-0.725	0.015	-0.472	0.197	0.458	0.152
計	0.700	0.588	-0.042	0.435	0.415	0.423

著である。規模別では、大規模層で委託や立木売りが多いことも想像され、それを考えると、保有山林で自ら伐採する分については、小規模層で伸びが顕著であったことは合理的といえるであろう。

6.　まとめ

2000年代後半、農林業センサスが捉えた素材生産量は、受託立木買いで994千m^3、保有山林で803千m^3増えており、両方が肩を並べて増産に貢献したといえよう。受託立木買いでは森林組合523千m^3、会社等461千m^3、家族・非法人農400千m^3、保有山林での生産については、受託立木買いも行う家族経営体の174千m^3、保有のみの経営体では家族農295千m^3、公有230千m^3、共的220千m^3の増加が顕著であった。家族（・非法人）農業経営体は、保有山林で生産を増やしただけでなく、受託立木買いを開始する経営体も多いなど、生産増加に大いに貢献した。これは佐藤ら（2014）などによって自伐林業として注目を集めている部分である。しかしながら、そうした部分だけで増産が図られたわけではなく、非家族の経営体においてもそれに比肩しうる生産活発化があったことも明らかである。なお、本書では第4章で共的所有林の山林経営について、第6章で農業を営む家族・非法人経営体の受託立木買いについて、改めて詳しく取り上げる。

一方、受託立木買いでは家族・非法人非農が経営体の退出超過に伴い390千m^3、保有山林では会社が継続経営体の減産によって32千m^3と、それぞれ生産量を減らした。なぜ、全体として生産が伸びていたこの時期に、これらのタイプで減産が生じたのかを明らかにすることは、現状を理解する上での大事なポイントと思われ、今後に残された課題である。

以上は全国の動向であるが、地域別に見ると、増産の様子は地域によってかなり大きく異なっていた。生産量の増加が大きかったのは、東北897千m^3増、九州527千m^3増、北海道304千m^3増、四国170千m^3増の4地域であった。このうち、東北と九州では受託立木買いによる増産が保有山林での増産を大きく上回っていたが、北海道と四国では受託立木買いは減産で、保有山林のみでの増産であった。受託立木買いでは、全国的には森林組合の増産が目立ったが、地域的に増産が大きかった東北と九州については、東北では会社等、九州では家族・非法人農と会社等の増加が大きかった。保有山林の増産が大きかった北海道と四国では共通して、家族農の増産が大きかったことと、他の地域ではほぼ減産であった会社がこの2地域では増産であったことが目立った。ただし、会社については、北海道などで他地域に本社のある会社有林の減産が反映されていない可能性があることには注意が必要である。このような地域差についても、これらが何を理由に生じているのかは未解明の問題である。例えば、国有林の賦存状況や農業経営の状況は地域によって異なり、また、今回受託立木買いで九州だけ主伐面積が増えるなど、主間伐の構成も地域によって異なる。こうしたことが地域差を生んでいる可能性について検証していくことは今後の課題である。

経営体の規模に関しては、受託立木買いによる生産と保有山林での生産では全く異なる傾向が見られた。受託立木買いを行う素材生産受託経営体については、この間、経営体の規模拡大が顕著であった。いずれの経営体タイプにおいても、10千 m^3 以上を生産する大規模経営体が専ら生産増を担っており、小規模層では経営体の参入退出が激しいことも明らかとなった。一方、保有山林での素材生産については、保有山林100ha未満の中小規模層の継続経営体による増産が顕著であった。1,000haを越す超大規模な保有経営体については、公有林は生産を増やしたが、会社が生産を減らすという異なる展開が見られた。経営行動としては、大規模保有層が素材生産を委託・立木販売に多く頼るようになっていると考えれば、このような傾向が生じることも不思議ではない。しかし、技術的には、受託立木買いにおける大規模な素材生産の活発化と保有山林における小規模な素材生産の活発化が併存しうるのかについては、より深い理解が必要であるように思われる。100ha未満の保有面積で人工林1ha当たり2 m^3 の生産であれば、年間の生産量はたかだか200 m^3 程度と考えられる。受託経営体では10千 m^3 以上層のシェアが過半を占めるようになる一方で、家族経営体を中心する中小規模の森林所有者がいかにしてその素材生産を拡大しているのかは、興味深いところである。

注

1）2005年に非家族で会社でも森林組合でもなかった受託経営体で2010年にも観測された継続経営体478経営体のうち、149経営体が2010年には家族経営体となっていた。この不自然な動きには、次のような調査票の設問変更が影響したことが考えられた。家族による経営であるかどうかを選ぶ項目が、05

年には「家族による経営（農家または林家）ですか」であったのが、10年には「家族での農業または林業の経営ですか」に変わったのである。その結果、保有なしの家族／個人経営を中心に05年は非家族、10年は家族を選択したものが一定程度いたのではないかと推察された。そこで、受託経営体のタイプ区分では、非家族その他（会社でも森林組合でもないもの）のうち非法人であるものを家族経営体と合わせて、農業経営体か非農業経営体かで分類し、また、非家族その他のうち法人であるものは会社と合わせて会社等とした。

２）10年には間伐は切り捨て間伐と利用間伐に分けて調べられているが、05年にはその区分がないため、利用間伐面積の変化を追うことはできなかった。なお、保有山林における間伐・主伐の作業面積については、10年には自ら作業を行ったのか、委託によったものかが分からないため、作業面積の分析は受託立木買いについてだけ行った。

参考文献

川崎章恵（2013)、林業サービス事業体等の動向、興梠編著「日本林業の構造変化と林業経営体：2010年林業センサス分析」農林統計協会、225-244

興梠克久（2013）林業経営体の概要とセンサス分析の可能性、興梠克久編著「日本林業の構造変化と林業経営体：2010年林業センサス分析」農林統計協会、19-40

佐藤宣子・興梠克久・家中茂（2014）林業新時代、農文協、292pp

第3章

保有山林経営の動向

田村和也

１．保有経営体の経営活動の分析視点

本章では、保有経営体（３ha 以上の山林を保有する林業経営体）を対象に、林業作業や林産物販売の実施状況と 2005・10 年の変化を分析する。

農林業センサスでは、林業経営体が保有する山林で行う経営活動を、山への植栽から保育までの林木育成に係る作業と収穫に係る作業の実施状況、および林産物販売の状況により、捉えてきた。作業は自ら行う以外に森林組合などへ委託する場合も多く、2005 年までは作業の委託状況も調査されていた。これまでのセンサス結果が示すように、経営体の経営活動は、長引く国内木材生産の低迷により伐採・新植が激減して初期保育対象林分も減り、経営意欲の喪失が間伐など必要とされる手入れの不足や伐採後の再造林放棄といった事態をもたらし、活動水準が低下してきた。ようやく 2000 年代半ばから、第２章で見たように素材生産は活発化し、また間伐が京都議定書の吸収源対策としての役割を担って推進されてきたが、この間の経営体の経営活動はどう推移しただろうか。活動する経営体数の減少は、センサスの調査対象となる経営体の減少で既に明らかであるが、経営体の組織形態や規模、地域により、また作業内容や販売方法により、活動変化の様相は異なるだろう。

分析は、経営体の形態を、家族農業経営体・家族非農業経営体・非家族経営体の３つに区分して行う。これらは 2000 年センサスまでの類型である、農家林家・非農家林家・林家以外の林業事業体、に概念的に近く、従来からこれら類型間での山林状況や経営活動の違いの知見が蓄積されてきており、この類型を継承した。集計の軸としては、保有山林面積規模、および地域区分として、全国農業地域（北海道～九州）と農業地域類型（第１章注５参照）を用いる。林業作業と林産物販売の状況は、2005・10 年の林業作業実施経営体数および作業面積、林産物販売経営体数の増減により、その変化を観察した[1)]。

なお、本章ではミクロデータを、経営体の形態や集計軸の定義と集計に利

用したにとどまる。したがって、示す数値は、センサスの公表集計や、先行研究（餅田・志賀編、2009；興梠編、2013）と重なる部分もあることをお断りしておく。

２．保有経営体の経営体数・保有山林面積

まず、本章で分析対象とする保有経営体を概観する。表３－１に、家族農業・家族非農業・非家族経営体の各形態の、2005・10年の経営体数と保有山林面積およびその増減率を、全国農業地域別、農業地域類型別、保有山林面積規模別に示した。

保有経営体全体の経営体数は2005年197,188・10年137,544、保有山林面積は05年5,787,312ha・10年5,175,802haで、経営体数は30％・面積は11％減少した。形態別には、家族非農業の減少率が数・面積とも大きい。経営体数は、全国農業地域別、農業地域類型別には各区分とも減少しており、保有山林面積規模別には小規模層で減少率が大きい。保有山林面積も各区分で減少しているが、北海道・関東東山・東海では増加あるいは小幅な減少に留まっている。都市的地域では、会社等大規模所有を多く含む非家族経営体では増加しており、家族農業も増加だが、家族非農業は大幅減となっている。形態別構成比は経営体数では、2005年が家族農業63％・家族非農業27％・非家族10％、10年66％・24％・10％、面積では05年24％・16％・60％、10年22％・12％・66％となっていて、数では家族農業経営体が、面積では非家族経営体が構成比をやや高めており、また経営体規模は非家族＞家族非農＞家族農業の順であることが確認される。

３．保有経営体の林業作業の実施状況

表３－２～５は、保有経営体の行った林業作業（過去１年間に実施）の４つ（植林、下刈りなど、間伐、主伐）のそれぞれについて、家族農業・家族非農業・非家族経営体別に、実施経営体数・作業面積とその増減率を見たも

表３－１　保有経営体の類型別経営体数、保有山林面積（2005・10年）

		家族農業経営体			家族非農業経営体			非家族経営体		
		05年	10年	増減率	05年	10年	増減率	05年	10年	増減率
経営体数		123,390	90,747	-26%	53,297	33,294	-38%	20,501	13,503	-34%
全国農業地域別	北海道	6,009	5,283	-12%	6,237	4,282	-31%	996	962	-3%
	東北	25,283	18,707	-26%	6,924	4,443	-36%	4,544	2,812	-38%
	北陸	7,426	5,421	-27%	4,221	2,714	-36%	949	601	-37%
	関東東山	12,274	8,630	-30%	4,638	2,666	-43%	2,303	1,548	-33%
	東海	11,970	9,357	-22%	7,141	4,618	-35%	1,958	1,290	-34%
	近畿	8,449	6,632	-22%	5,805	3,852	-34%	3,086	2,194	-29%
	中国	22,831	15,818	-31%	6,986	4,739	-32%	2,072	1,353	-35%
	四国	10,790	7,378	-32%	4,617	2,216	-52%	994	596	-40%
	九州	18,358	13,521	-26%	6,728	3,764	-44%	3,599	2,147	-40%
農業地域類型別	都市的	5,770	4,688	-19%	7,341	3,724	-49%	2,585	1,837	-29%
	平地	10,916	8,459	-23%	3,655	2,252	-38%	2,053	1,342	-35%
	中間	50,777	37,092	-27%	14,100	8,517	-40%	6,965	4,378	-37%
	山間	55,927	40,508	-28%	28,201	18,801	-33%	8,898	5,946	-33%
保有山林面積規模別	3～5ha	43,938	29,510	-33%	16,723	9,567	-43%	3,681	1,972	-46%
	5～10ha	38,918	28,617	-26%	16,618	10,138	-39%	4,333	2,509	-42%
	10～20ha	24,195	18,794	-22%	10,606	6,916	-35%	3,656	2,276	-38%
	20～30ha	7,821	6,436	-18%	3,629	2,572	-29%	1,710	1,135	-34%
	30～50ha	5,214	4,414	-15%	2,776	1,994	-28%	1,779	1,320	-26%
	50～100ha	2,491	2,135	-14%	1,811	1,290	-29%	2,045	1,467	-28%
	100～500ha	780	781	0%	1,026	735	-28%	2,434	1,981	-19%
	500～1000ha	24	46	92%	76	62	-18%	412	381	-8%
	1000ha以上	9	14	56%	32	20	-38%	451	462	2%
保有山林面積 [ha]（経営体当たり）		1,384,157（11.2）	1,151,548（12.7）	-17%	905,803（17.0）	619,410（18.6）	-32%	3,497,353（170.6）	3,404,844（252.2）	-3%
全国農業地域別	北海道	98,658	93,906	-5%	122,224	88,435	-28%	896,494	938,020	5%
	東北	280,334	230,886	-18%	108,112	68,235	-37%	458,720	419,718	-9%
	北陸	65,861	54,293	-18%	58,240	42,173	-28%	185,782	145,008	-22%
	関東東山	119,488	93,396	-22%	87,161	52,405	-40%	671,486	741,647	10%
	東海	160,506	145,518	-9%	142,644	108,192	-24%	227,790	243,564	7%
	近畿	98,461	87,767	-11%	119,107	93,266	-22%	383,137	287,884	-25%
	中国	232,326	177,767	-23%	88,035	59,128	-33%	264,012	228,297	-14%
	四国	133,317	104,068	-22%	73,872	37,913	-49%	99,006	93,966	-5%
	九州	195,207	163,946	-16%	106,407	69,662	-35%	310,926	306,739	-1%
農業地域類型別	都市的	66,015	69,822	6%	216,722	124,385	-43%	1,567,230	1,679,065	7%
	平地	107,064	88,977	-17%	58,156	41,200	-29%	188,469	190,411	1%
	中間	469,254	382,398	-19%	198,131	128,274	-35%	755,071	685,106	-9%
	山間	741,824	610,351	-18%	432,794	325,551	-25%	986,582	850,262	-14%
保有山林面積規模別	3～5ha	156,414	106,412	-32%	61,482	35,509	-42%	13,868	7,445	-46%
	5～10ha	253,027	187,817	-26%	110,468	67,777	-39%	29,864	17,284	-42%
	10～20ha	310,324	242,920	-22%	139,207	91,503	-34%	50,344	31,690	-37%
	20～30ha	176,160	145,553	-17%	83,415	59,188	-29%	41,134	27,210	-34%
	30～50ha	182,837	155,664	-15%	100,117	71,805	-28%	67,566	50,089	-26%
	50～100ha	155,415	134,402	-14%	117,544	84,133	-28%	141,676	102,263	-28%
	100～500ha	120,817	124,237	3%	189,638	132,257	-30%	530,942	432,985	-18%
	500～1000ha	16,784	31,131	85%	51,569	42,256	-18%	290,468	264,322	-9%
	1000ha以上	12,380	23,412	89%	52,364	34,983	-33%	2,331,492	2,471,556	6%

のである（総数については、表３－１との対比で算出される実施率を参考として付した）。

植林を実施した経営体数は（表３－２）、家族農業で24％、家族非農業で36％、非家族で17％減少しており、家族非農業の減少率が大きい。非家族での減少率は、経営体総数に比べれば小幅にとどまっている。全国農業地域別には各地域で減少しており、ただ北海道の減少はわずかで、東北・九州の減少率もやや小さい。農業地域類型別、規模別に見ても、多くの区分でおしなべて減少している。植林作業面積は、家族農業・家族非農業では24％・28％と経営体数並みに減少しているが、非家族は12％増加しており、非家族の増加は北海道・東北、また都市的・平地で目立っている。北海道の植林作業面積は、家族農業・家族非農業でも横ばいを維持した。

次に下刈りなどでは（表３－３）、実施経営体数は家族農業34％・家族非農業48％・非家族35％と各形態で減少し、とりわけ家族非農業の減少が大きい。また、全国農業地域、農業地域類型、保有山林面積規模別の各区分を通じて同様に減少している。作業面積も、家族農業42％・家族非農業56％・非家族39％と減少し、結果的に実施経営体当たり作業面積も縮小している。

間伐では（表３－４）、実施経営体数の減少率は家族農業31％・家族非農業43％・非家族33％、作業面積では43％・51％・19％で、下刈りなどと同様に減少が大きい。とりわけ家族非農業の減少が大きく、面積は都市的地域で63％減少した。規模別には、小規模層でやや減少率が大きい。なお、10年は切り捨て間伐・利用間伐別に調査されており、実施経営体数は家族農業で31,299・8,468、家族非農業で9,641・2,631、非家族で4,390・1,603と、利用間伐は切り捨て間伐の３分の１程度であった。

主伐の実施経営体数は、家族農業16％・家族非農業29％・非家族８％の減少率で、他の作業に比べて減少率は小さい（表３－５）。全国農業地域別では、北海道・東北で横ばいないし増加となっており、九州の減少率も比較的小さい。一方、北陸・東海・近畿は減少率が大きい。農業地域類型別で

表３－２　林業作業（過去１年間）の実施経営体数・作業面積（2005・10年）植林

		家族農業経営体			家族非農業経営体			非家族経営体		
		05年	10年	増減率	05年	10年	増減率	05年	10年	増減率
経営体総数		123,390	90,747	-26%	53,297	33,294	-38%	20,501	13,503	-34%
実施経営体数		11,269	8,530	-24%	3,724	2,371	-36%	1,505	1,247	-17%
（実施率）		(9.1%)	(9.4%)		(7.0%)	(7.1%)		(7.3%)	(9.2%)	
全国農業地域別	北海道	407	373	-8%	464	429	-8%	190	189	-1%
	東北	1,824	1,444	-21%	433	277	-36%	255	220	-14%
	北陸	909	651	-28%	373	202	-46%	63	55	-13%
	関東東山	1,133	871	-23%	309	183	-41%	173	155	-10%
	東海	987	709	-28%	410	222	-46%	132	96	-27%
	近畿	635	446	-30%	319	173	-46%	178	136	-24%
	中国	1,873	1,271	-32%	435	230	-47%	129	88	-32%
	四国	954	653	-32%	266	135	-49%	50	49	-2%
	九州	2,547	2,112	-17%	715	520	-27%	335	259	-23%
農業地域類型別	都市的	545	441	-19%	645	361	-44%	339	302	-11%
	平地	999	837	-16%	293	228	-22%	161	171	6%
	中間	4,937	3,756	-24%	1,158	709	-39%	525	397	-24%
	山間	4,788	3,496	-27%	1,628	1,073	-34%	480	377	-21%
保有山林面積規模別	3～5ha	3,192	2,482	-22%	848	505	-40%	91	65	-29%
	5～10ha	3,334	2,353	-29%	954	597	-37%	162	97	-40%
	10～20ha	2,371	1,804	-24%	796	471	-41%	157	126	-20%
	20～30ha	982	775	-21%	325	218	-33%	112	88	-21%
	30～50ha	745	589	-21%	310	248	-20%	130	116	-11%
	50～100ha	444	346	-22%	257	168	-35%	171	131	-23%
	100～500ha	189	171	-10%	202	146	-28%	368	305	-17%
	500～1000ha	8	9	13%	25	10	-60%	120	100	-17%
	1000ha以上	4	1	-75%	7	8	14%	194	219	13%

		家族農業経営体			家族非農業経営体			非家族経営体		
		05年	10年	増減率	05年	10年	増減率	05年	10年	増減率
作業面積 [ha]		8,854	6,687	-24%	5,631	4,036	-28%	9,770	10,912	12%
(実施経営体当たり)		(0.8)	(0.8)		(1.5)	(1.7)		(6.5)	(8.8)	
全国農業地域別	北海道	1,393	1,436	3%	2,017	1,873	-7%	2,612	3,393	30%
	東北	1,388	991	-29%	530	292	-45%	1,032	2,662	158%
	北陸	457	293	-36%	264	134	-49%	347	229	-34%
	関東東山	536	496	-8%	391	177	-55%	1,975	1,588	-20%
	東海	671	283	-58%	467	274	-41%	417	229	-45%
	近畿	419	583	39%	294	250	-15%	423	437	3%
	中国	1,439	808	-44%	470	223	-53%	1,025	1,046	2%
	四国	678	365	-46%	380	210	-45%	303	269	-11%
	九州	1,873	1,433	-23%	820	603	-26%	1,637	1,059	-35%
農業地域類型別	都市的	572	405	-29%	1,279	940	-27%	3,780	4,451	18%
	平地	1,008	1,011	0%	928	733	-21%	832	1,379	66%
	中間	3,276	2,479	-24%	1,527	1,081	-29%	2,555	2,383	-7%
	山間	3,997	2,793	-30%	1,898	1,283	-32%	2,604	2,698	4%
保有山林面積規模別	3～5ha	1,299	1,043	-20%	470	350	-25%	78	56	-28%
	5～10ha	1,859	1,316	-29%	808	576	-29%	243	160	-34%
	10～20ha	1,844	1,406	-24%	977	580	-41%	335	345	3%
	20～30ha	1,048	797	-24%	462	430	-7%	321	252	-22%
	30～50ha	943	701	-26%	666	608	-9%	367	333	-9%
	50～100ha	940	544	-42%	794	565	-29%	688	535	-22%
	100～500ha	723	810	12%	1,253	754	-40%	1,934	2,333	21%
	500～1000ha	109	65	-40%	175	56	-68%	866	1,573	82%
	1000ha以上	89	4	-96%	27	116	328%	4,939	5,326	8%

表３－３　林業作業（過去１年間）の実施経営体数・作業面積（2005・10年）下刈りなど

		家族農業経営体			家族非農業経営体			非家族経営体		
		05年	10年	増減率	05年	10年	増減率	05年	10年	増減率
経営体総数		123,390	90,747	-26%	53,297	33,294	-38%	20,501	13,503	-34%
実施経営体数		59,622	39,175	-34%	19,704	10,210	-48%	7,367	4,818	-35%
（実施率）		(48.3%)	(43.2%)		(37.0%)	(30.7%)		(35.9%)	(35.7%)	
全国農業地域別	北海道	1,234	905	-27%	1,639	979	-40%	369	299	-19%
	東北	13,588	8,647	-36%	3,249	1,714	-47%	1,663	1,021	-39%
	北陸	5,020	3,212	-36%	2,144	1,114	-48%	469	283	-40%
	関東東山	6,519	4,382	-33%	1,925	834	-57%	928	686	-26%
	東海	5,339	3,318	-38%	2,339	1,177	-50%	704	452	-36%
	近畿	3,107	1,987	-36%	1,766	870	-51%	964	610	-37%
	中国	9,595	6,003	-37%	2,149	1,144	-47%	576	368	-36%
	四国	4,366	2,694	-38%	1,341	584	-56%	195	145	-26%
	九州	10,854	8,027	-26%	3,152	1,794	-43%	1,499	954	-36%
農業地域類型別	都市的	3,123	2,287	-27%	3,196	1,459	-54%	1,283	950	-26%
	平地	5,535	3,992	-28%	1,344	779	-42%	842	611	-27%
	中間	27,037	17,783	-34%	5,943	3,141	-47%	2,872	1,798	-37%
	山間	23,927	15,113	-37%	9,221	4,831	-48%	2,370	1,459	-38%
保有山林面積規模別	3～5ha	21,347	13,370	-37%	5,787	2,770	-52%	898	499	-44%
	5～10ha	18,350	12,009	-35%	5,851	2,957	-49%	1,195	651	-46%
	10～20ha	11,503	7,777	-32%	3,978	2,069	-48%	1,138	673	-41%
	20～30ha	3,938	2,747	-30%	1,463	834	-43%	596	402	-33%
	30～50ha	2,658	1,935	-27%	1,189	711	-40%	737	489	-34%
	50～100ha	1,346	925	-31%	833	497	-40%	891	634	-29%
	100～500ha	463	380	-18%	540	339	-37%	1,287	923	-28%
	500～1000ha	11	24	118%	41	21	-49%	273	198	-27%
	1000ha 以上	6	8	33%	22	12	-45%	352	349	-1%
作業面積 [ha]		70,047	40,397	-42%	43,984	19,231	-56%	118,043	71,939	-39%
（実施経営体当たり）		(1.2)	(1.0)		(2.2)	(1.9)		(16.0)	(14.9)	
全国農業地域別	北海道	5,292	3,245	-39%	8,679	4,893	-44%	26,118	17,708	-32%
	東北	16,751	8,739	-48%	6,873	2,766	-60%	17,234	13,521	-22%
	北陸	4,812	2,683	-44%	2,845	1,326	-53%	7,731	4,290	-45%
	関東東山	6,543	4,402	-33%	4,615	1,418	-69%	20,676	12,623	-39%
	東海	6,052	2,380	-61%	4,425	1,884	-57%	5,971	2,386	-60%
	近畿	3,252	1,659	-49%	4,002	1,401	-65%	10,654	5,366	-50%
	中国	8,192	5,315	-35%	3,182	1,223	-62%	13,225	7,410	-44%
	四国	4,811	2,600	-46%	2,882	1,040	-64%	2,342	1,516	-35%
	九州	14,343	9,373	-35%	6,481	3,278	-49%	14,093	7,120	-49%
農業地域類型別	都市的	4,488	4,188	-7%	12,788	4,416	-65%	64,245	33,568	-48%
	平地	8,199	4,976	-39%	4,534	2,440	-46%	7,502	6,380	-15%
	中間	28,381	16,069	-43%	10,961	4,719	-57%	24,178	15,332	-37%
	山間	28,979	15,163	-48%	15,701	7,656	-51%	22,119	16,659	-25%
保有山林面積規模別	3～5ha	14,510	8,120	-44%	4,934	2,221	-55%	1,283	698	-46%
	5～10ha	16,913	9,377	-45%	7,541	3,423	-55%	2,477	1,221	-51%
	10～20ha	15,315	8,711	-43%	7,899	3,383	-57%	3,494	2,057	-41%
	20～30ha	6,983	4,285	-39%	3,820	1,940	-49%	2,606	1,379	-47%
	30～50ha	6,509	3,421	-47%	4,223	1,965	-53%	4,212	1,957	-54%
	50～100ha	5,097	2,419	-53%	4,519	2,207	-51%	5,771	3,874	-33%
	100～500ha	3,458	2,278	-34%	8,684	3,541	-59%	17,293	11,223	-35%
	500～1000ha	254	469	85%	1,363	359	-74%	8,789	5,604	-36%
	1000ha 以上	1,009	1,317	30%	999	192	-81%	72,119	43,926	-39%

表３－４　林業作業（過去１年間）の実施経営体数・作業面積（2005・10年）　間伐

		家族農業経営体			家族非農業経営体			非家族経営体		
		05年	10年	増減率	05年	10年	増減率	05年	10年	増減率
経営体総数		123,390	90,747	-26%	53,297	33,294	-38%	20,501	13,503	-34%
実施経営体数		52,842	36,211	-31%	19,340	11,075	-43%	7,593	5,119	-33%
（実施率）		（42.8%）	（39.9%）		（36.3%）	（33.3%）		（37.0%）	（37.9%）	
全国農業地域別	北海道	1,140	697	-39%	1,228	712	-42%	321	298	-7%
	東北	9,603	7,117	-26%	2,384	1,515	-36%	1,452	889	-39%
	北陸	2,758	1,977	-28%	1,270	878	-31%	308	234	-24%
	関東東山	5,538	3,963	-28%	1,953	1,108	-43%	1,004	764	-24%
	東海	6,068	4,589	-24%	3,014	1,931	-36%	822	609	-26%
	近畿	4,535	3,066	-32%	2,285	1,349	-41%	1,246	848	-32%
	中国	8,436	5,721	-32%	2,060	1,146	-44%	589	366	-38%
	四国	5,857	3,430	-41%	2,363	979	-59%	430	268	-38%
	九州	8,907	5,651	-37%	2,783	1,457	-48%	1,421	843	-41%
農業地域類型別	都市的	2,422	1,831	-24%	2,766	1,431	-48%	1,199	920	-23%
	平地	3,808	2,695	-29%	1,069	577	-46%	687	458	-33%
	中間	21,420	14,782	-31%	4,871	2,860	-41%	2,713	1,744	-36%
	山間	25,192	16,903	-33%	10,634	6,207	-42%	2,994	1,997	-33%
保有山林面積規模別	3～5ha	16,161	10,273	-36%	4,997	2,484	-50%	834	424	-49%
	5～10ha	16,079	10,939	-32%	5,555	3,085	-44%	1,172	633	-46%
	10～20ha	11,475	8,039	-30%	4,155	2,430	-42%	1,179	688	-42%
	20～30ha	4,113	3,048	-26%	1,626	1,061	-35%	648	412	-36%
	30～50ha	2,992	2,231	-25%	1,331	902	-32%	756	498	-34%
	50～100ha	1,516	1,189	-22%	976	638	-35%	955	650	-32%
	100～500ha	489	458	-6%	632	428	-32%	1,390	1,150	-17%
	500～1000ha	12	26	117%	46	34	-26%	290	267	-8%
	1000ha 以上	5	8	60%	22	13	-41%	369	397	8%

		家族農業経営体			家族非農業経営体			非家族経営体		
		05年	10年	増減率	05年	10年	増減率	05年	10年	増減率
作業面積 [ha]		85,555	49,147	-43%	56,729	27,742	-51%	107,036	86,922	-19%
(実施経営体当たり)		（1.6）	（1.4）		（2.9）	（2.5）		（14.1）	（17.0）	
全国農業地域別	北海道	5,465	2,476	-55%	7,627	3,402	-55%	14,825	15,511	5%
	東北	15,202	9,671	-36%	6,746	3,578	-47%	13,900	10,824	-22%
	北陸	2,711	1,982	-27%	1,942	1,435	-26%	4,267	3,469	-19%
	関東東山	7,942	4,877	-39%	4,728	2,834	-40%	18,242	16,816	-8%
	東海	10,181	6,376	-37%	8,038	4,826	-40%	7,452	7,179	-4%
	近畿	7,854	4,398	-44%	7,169	3,562	-50%	14,346	10,409	-27%
	中国	10,502	5,547	-47%	5,349	1,803	-66%	9,819	7,725	-21%
	四国	12,412	6,597	-47%	7,791	2,865	-63%	8,313	3,953	-52%
	九州	13,286	7,221	-46%	7,338	3,436	-53%	15,870	11,037	-30%
農業地域類型別	都市的	4,755	3,055	-36%	14,447	5,314	-63%	48,920	43,589	-11%
	平地	6,924	4,150	-40%	3,880	1,807	-53%	6,562	5,303	-19%
	中間	29,969	16,935	-43%	12,520	6,887	-45%	22,303	17,634	-21%
	山間	43,907	25,006	-43%	25,883	13,734	-47%	29,251	20,396	-30%
保有山林面積規模別	3～5ha	12,793	6,726	-47%	5,154	2,347	-54%	1,429	674	-53%
	5～10ha	18,709	10,292	-45%	8,757	4,194	-52%	2,985	1,409	-53%
	10～20ha	20,149	11,355	-44%	9,989	5,209	-48%	4,261	2,268	-47%
	20～30ha	10,529	5,929	-44%	5,705	3,046	-47%	3,081	1,818	-41%
	30～50ha	9,772	5,506	-44%	6,052	3,454	-43%	4,628	2,570	-44%
	50～100ha	8,061	5,111	-37%	6,373	3,776	-41%	7,635	5,057	-34%
	100～500ha	4,834	3,346	-31%	10,405	4,398	-58%	20,585	14,333	-30%
	500～1000ha	400	453	13%	2,199	976	-56%	9,688	8,516	-12%
	1000ha 以上	308	430	39%	2,096	341	-84%	52,743	50,278	-5%

注）2010 年の経営体数は切捨または利用間伐を実施した経営体数、作業面積は切捨と利用間伐の計

表３－５　林業作業（過去１年間）の実施経営体数・作業面積（2005・10年）　主伐

		家族農業経営体			家族非農業経営体			非家族経営体		
		05年	10年	増減率	05年	10年	増減率	05年	10年	増減率
経営体総数		123,390	90,747	-26%	53,297	33,294	-38%	20,501	13,503	-34%
実施経営体数		2,898	2,428	-16%	1,404	997	-29%	761	701	-8%
（実施率）		(2.3%)	(2.7%)		(2.6%)	(3.0%)		(3.7%)	(5.2%)	
全国農業地域別	北海道	152	142	-7%	186	183	-2%	100	109	9%
	東北	499	540	8%	146	145	-1%	145	150	3%
	北陸	142	79	-44%	82	30	-63%	19	15	-21%
	関東東山	278	218	-22%	151	67	-56%	87	77	-11%
	東海	350	226	-35%	236	125	-47%	79	52	-34%
	近畿	182	112	-38%	145	101	-30%	82	54	-34%
	中国	393	304	-23%	113	86	-24%	45	37	-18%
	四国	186	162	-13%	78	50	-36%	36	36	0%
	九州	716	645	-10%	267	210	-21%	168	171	2%
農業地域類型別	都市的	106	102	-4%	260	140	-46%	199	170	-15%
	平地	219	209	-5%	109	74	-32%	71	86	21%
	中間	1,046	890	-15%	330	255	-23%	218	213	-2%
	山間	1,527	1,227	-20%	705	528	-25%	273	232	-15%
保有山林面積規模別	3～5ha	568	487	-14%	198	129	-35%	47	44	-6%
	5～10ha	626	581	-7%	264	181	-31%	86	61	-29%
	10～20ha	656	547	-17%	280	211	-25%	88	76	-14%
	20～30ha	349	297	-15%	149	109	-27%	44	33	-25%
	30～50ha	333	261	-22%	154	127	-18%	57	63	11%
	50～100ha	227	152	-33%	170	109	-36%	97	74	-24%
	100～500ha	130	93	-28%	163	113	-31%	171	159	-7%
	500～1000ha	6	9	50%	17	12	-29%	50	62	24%
	1000ha 以上	3	1	-67%	9	6	-33%	121	129	7%

		05年	10年	増減率	05年	10年	増減率	05年	10年	増減率
作業面積 [ha]		3,103	2,876	-7%	3,371	2,701	-20%	8,827	7,343	-17%
（実施経営体当たり）		(1.1)	(1.2)		(2.4)	(2.7)		(11.6)	(10.5)	
全国農業地域別	北海道	495	549	11%	1,042	971	-7%	2,889	1,706	-41%
	東北	680	764	12%	322	374	16%	1,061	1,182	11%
	北陸	70	43	-38%	88	26	-70%	79	208	162%
	関東東山	216	141	-35%	257	84	-67%	1,221	1,912	57%
	東海	316	177	-44%	479	258	-46%	334	367	10%
	近畿	179	142	-21%	405	203	-50%	303	137	-55%
	中国	309	226	-27%	171	83	-52%	228	121	-47%
	四国	227	155	-32%	144	207	44%	493	257	-48%
	九州	612	680	11%	463	496	7%	2,220	1,455	-34%
農業地域類型別	都市的	139	155	12%	1,011	577	-43%	4,102	3,351	-18%
	平地	375	419	12%	461	383	-17%	530	777	47%
	中間	861	901	5%	814	695	-15%	1,857	1,734	-7%
	山間	1,728	1,401	-19%	1,083	1,046	-3%	2,338	1,481	-37%
保有山林面積規模別	3～5ha	276	265	-4%	165	144	-13%	66	67	2%
	5～10ha	394	451	14%	298	250	-16%	171	215	25%
	10～20ha	619	574	-7%	426	443	4%	298	358	20%
	20～30ha	409	407	-1%	312	256	-18%	135	178	32%
	30～50ha	490	354	-28%	331	362	9%	234	362	55%
	50～100ha	367	368	0%	722	497	-31%	444	457	3%
	100～500ha	315	326	3%	810	615	-24%	1,720	1,387	-19%
	500～1000ha	56	52	-8%	270	104	-62%	557	797	43%
	1000ha 以上	176	80	-55%	35	31	-14%	5,201	3,521	-32%

は、都市的地域の家族非農業の減少の大きさが目立っている。規模別には、家族農業で大規模のほうがやや減少が大きい。作業面積は、家族農業７％・家族非農業20％・非家族17％と小さな減少にとどまり、実施経営体数の変化と同様の傾向を見せているが、非家族では北海道・九州で減少、関東で増加が示されている。

以上のように、林業作業のうち下刈りなど・間伐では、地域や規模に関わらず実施経営体数が大きく減少していた。実施率が４割前後と高い両作業の実施経営体数が減少したことが、センサスの調査対象経営体の減少をもたらす結果となっている。これらに比べ、植林・主伐の実施経営体数の減少は小さいものにとどまった。地域では、北海道・東北・九州で減少が比較的小幅ないし横ばいであり、全国の中で相対的に活発となっていた。また、非家族経営体は植林面積を増加させるなど、形態間で比較すると活発であった。

一方、各作業を通じて、また地域や規模を通じて減少の大きいのは、家族非農業経営体であった。第２節で見たように経営体数・保有山林面積の減少率自体が他の形態より大きいことが背景にあるが、とりわけ都市的地域での減少が大きい。都市的地域の家族非農業経営体は平均面積約30ha（表３－１より）と規模が大きく、作業面積のシェアも相対的に大きいだけに、その活動水準低下は目立つ形となっている。

ここで、経営体の継続・退出・参入別に作業実施経営体数がどう増減したかを見ておこう（表３－６）。継続経営体における実施経営体数は、各作業とも2005年から10年であまり減っていない。一方、参入経営体における実施経営体数は退出経営体におけるそれを大きく下回っており、特に家族非農業ではその比が0.2～0.3程度しかない。つまり、林業作業の実施経営体数減少は、退出した実施経営体数ほどには実施経営体が参入しなかったためであり、特に家族非農業ではその傾向が強く、作業実施の低調さとして表われている。

しかし、家族農業・家族非農業・非家族経営体の間で林業作業の間断性や

表3－6　継続・退出・参入別の林業作業実施経営体数（2005・10年）

		2005年		2010年		継続10／継続05比	参入／退出比
		継続	退出	継続	参入		
家族農業経営体	植林	7,571	3,698	6,303	2,227	0.83	0.60
	下刈りなど	34,588	25,034	27,797	11,378	0.80	0.45
	間伐	32,112	20,730	26,877	9,334	0.84	0.45
	主伐	1,960	938	1,757	671	0.90	0.72
家族非農業経営体	植林	2,079	1,645	1,860	511	0.89	0.31
	下刈りなど	9,512	10,192	8,350	1,860	0.88	0.18
	間伐	9,743	9,597	9,080	1,995	0.93	0.21
	主伐	776	628	750	247	0.97	0.39
非家族経営体	植林	964	541	988	259	1.02	0.48
	下刈りなど	4,092	3,275	3,744	1,074	0.91	0.33
	間伐	4,213	3,380	3,933	1,186	0.93	0.35
	主伐	459	302	524	177	1.14	0.59

（注）2005、10年継続：継続経営体における2005年、10年の実施経営体数
2005年退出：2005年に実施した経営体のうち退出したものの数
2010年参入：2010年に実施した経営体のうち参入したものの数
継続10/05比：継続経営体の10年実施数の05年実施数に対する比
参入／退出比：10年参入の実施数の05年退出の実施数に対する比

作業実施増減のトレンドが同じであれば、実施経営体の退出・参入状況は似ているはずで、参入・退出比が形態間でこれだけ異なる理由はいささか考えにくい。第1章第4節で指摘したように、農業経営体の参入は「名簿内」から、非農業経営体では「名簿外」からが多かった。家族非農業経営体の不活発さは、こうした調査上の把握状況との関連を検討した上で、あらためて理解されるべきかもしれない。

4．保有経営体の林産物販売状況

林業作業としての主伐の実施有無は、作業を委託した分は含むが立木販売は含まない。林産物販売の設問では過去1年間の保有山林からの林産物販売について、用材の立木での販売および素材での販売の有無を尋ねており、保有山林経営における主伐材・間伐材を含めた伐採販売の様子を捉えることに

表３－７　林産物を販売した経営体数（2005・10年）用材を立木で、素材で

		家族農業経営体			家族非農業経営体			非家族経営体		
		05年	10年	増減率	05年	10年	増減率	05年	10年	増減率
経営体総数		123,390	90,747	-26%	53,297	33,294	-38%	20,501	13,503	-34%
立木で販売		1,903	2,771	46%	1,158	1,225	6%	764	911	19%
（販売率）		(1.5%)	(3.1%)		(2.2%)	(3.7%)		(3.7%)	(6.7%)	
全国農業地域別	北海道	132	199	51%	142	191	35%	73	105	44%
	東北	436	839	92%	166	231	39%	222	265	19%
	北陸	90	115	28%	70	71	1%	13	28	115%
	関東東山	205	237	16%	124	94	-24%	88	101	15%
	東海	185	231	25%	159	137	-14%	68	69	1%
	近畿	123	147	20%	147	127	-14%	81	101	25%
	中国	293	368	26%	121	127	5%	47	54	15%
	四国	113	98	-13%	65	60	-8%	25	35	40%
	九州	326	537	65%	164	187	14%	147	153	4%
農業地域類型別	都市的	80	128	60%	202	180	-11%	165	158	-4%
	平地	161	237	47%	77	96	25%	74	81	9%
	中間	647	1,050	62%	290	302	4%	260	330	27%
	山間	1,015	1,356	34%	589	647	10%	265	342	29%
保有山林面積規模別	3～5ha	331	529	60%	187	180	-4%	50	47	-6%
	5～10ha	430	707	64%	253	278	10%	77	89	16%
	10～20ha	464	665	43%	239	250	5%	88	101	15%
	20～30ha	232	316	36%	109	150	38%	50	54	8%
	30～50ha	215	279	30%	103	131	27%	68	72	6%
	50～100ha	141	174	23%	131	116	-11%	103	113	10%
	100～500ha	85	90	6%	114	106	-7%	182	237	30%
	500～1000ha	3	6	100%	15	9	-40%	43	69	60%
	1000ha以上	2	5	150%	7	5	-29%	103	129	25%
素材で販売		5,536	5,339	-4%	2,349	2,032	-13%	1,336	1,530	15%
（販売率）		(4.5%)	(5.9%)		(4.4%)	(6.1%)		(6.5%)	(11.3%)	
全国農業地域別	北海道	150	147	-2%	198	182	-8%	144	192	33%
	東北	514	589	15%	147	167	14%	203	239	18%
	北陸	96	183	91%	69	83	20%	28	47	68%
	関東東山	528	532	1%	231	166	-28%	151	181	20%
	東海	617	711	15%	383	370	-3%	148	156	5%
	近畿	234	306	31%	233	221	-5%	120	166	38%
	中国	917	772	-16%	228	189	-17%	113	110	-3%
	四国	780	620	-21%	287	230	-20%	106	114	8%
	九州	1,700	1,479	-13%	573	424	-26%	323	325	1%
農業地域類型別	都市的	121	161	33%	262	216	-18%	296	334	13%
	平地	255	285	12%	118	86	-27%	107	129	21%
	中間	1,798	1,843	3%	579	529	-9%	398	484	22%
	山間	3,362	3,050	-9%	1,390	1,201	-14%	535	583	9%
保有山林面積規模別	3～5ha	767	792	3%	308	251	-19%	87	87	0%
	5～10ha	1,195	1,228	3%	466	366	-21%	144	127	-12%
	10～20ha	1,518	1,317	-13%	495	455	-8%	160	154	-4%
	20～30ha	735	722	-2%	316	238	-25%	101	108	7%
	30～50ha	698	637	-9%	282	268	-5%	125	156	25%
	50～100ha	445	425	-4%	251	223	-11%	171	183	7%
	100～500ha	168	206	23%	202	204	1%	288	368	28%
	500～1000ha	7	11	57%	22	19	-14%	99	123	24%
	1000ha以上	3	1	-67%	7	8	14%	161	224	39%

なる。本節では、用材の立木での販売、素材での販売実施数とその増減、および両者を比較して観察する。

表３－７は、保有経営体の用材を立木で・素材で販売した経営体について、形態別に、販売した経営体数とその増減率を見たものである。立木で販売した経営体数は、家族農業46%・家族非農業６%・非家族19%の増加で、特に家族農業では大きく伸びた。全国農業地域別にもほとんどで増加しており、特に東北、九州、北海道の増加が大きい。保有山林面積規模別には、家族農業の場合、小規模層で増加率の高い傾向が見られる。

素材で販売した経営体数は、家族農業４%減・家族非農業13%減に対し、非家族は15%増と増減が分かれた。家族経営体の場合、東北・北陸・東海・近畿で増加し、中国・四国・九州は減少となった。家族非農業経営体でも同様の傾向で減少率がやや大きくなっている。非家族経営体では、東海・中国・四国・九州が横ばいで、他では大きく増加した。非家族経営体は規模の大きな層で増加率が高くなっている。

素材で販売した経営体数と立木で販売した経営体数を比べると、前者が依然多いものの後者の増加が大きく、両者の差は縮まった。図３－１は両者の比を見たもので、値が大きいほど素材のほうが多いことを示す。全国の家族農業では2005年３：１から10年に２：１へと縮まった。家族非農業では２：１から1.7：１へとなり、立木・素材とも増加した非家族では1.7：１のままであった。全国農業地域別には、北海道・東北では2005年に両者同水準だったのが、10年には立木が素材を上回った（比が１以下）。九州は素材が多い地域だが、家族農業の場合05年の比５：１が10年には３：１となり、同じく中国でも比が低下した。一方、北陸・東海・近畿では素材の増加が大きく、比はあまり変わらなかった。四国は立木・素材とも経営体数が減少した唯一の地域で、比は依然高い。農業地域類型別には、中間・山間で比が低下し、都市的・平地の比に近づいた。保有山林規模別には、100ha以下層で高かった比が10年には軒並み低下して、規模別の差が小さくなった。

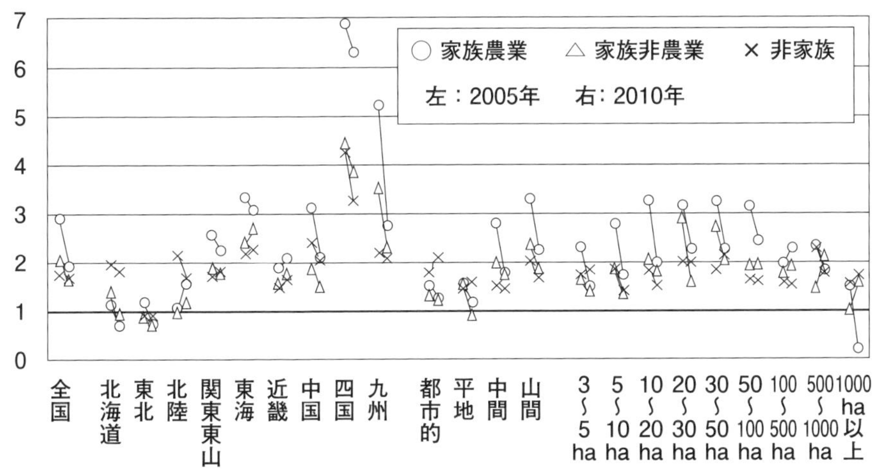

図３－１　用材を素材で販売した経営体数と立木で販売した経営体数の比（2005・10年）

以上のように、全国的には2005から10年に用材を立木で販売した経営体数が大きく増加し、素材での販売は若干減少した。素材販売は、依然として立木販売の２倍程度と多いが、両者の比は縮まった。東北・北海道は立木販売を行う傾向がますます強まり、素材販売が圧倒的な九州でも立木販売が増えた。一方、北陸・東海・近畿といった若干だが素材販売の伸びが優勢な地域もある。形態別には、家族農業は立木が大幅増、非家族は立木・素材とも増加したのに対して、家族非農業はここでも停滞傾向であった。これら林産物販売実施の盛衰および立木で・素材での販売の選択は、経営体の保有労働力や地元の素材生産業者、森林組合等の活動状況とも関連して理解されるべきだが、本章では検討できなかった。第７章では、家族経営体に限るが世帯状況との関連を検討している。

ところで、個々の経営体は、立木販売と素材販売をどのように行っているだろうか。表３－８は、継続経営体について、2005年・10年の立木・素材販売実施の有無をクロス集計したものである。05年に素材のみ販売した経営体のうち、10年には47%が販売し、素材で販売したのが42%とその９割を占める。立木のみの場合は、10年の販売は29%に過ぎず、立木は17%と

表３－８　林産物（用材）販売状況の2005・10年クロス表

2005年		2010年			
用材の販売状況	経営体数	販売せず	立木のみ	素材のみ	立木素材とも
計	103,334	90%	3%	6%	1%
販売せず	94,964	93%	2%	4%	0%
立木のみ	1,866	71%	13%	12%	4%
素材のみ	6,010	53%	5%	39%	3%
立木素材とも	494	48%	12%	28%	13%

（注）2005・10年とも保有経営体である継続経営体を対象に集計した。

その半数強である。個々の経営体において、素材販売は継続して行われる傾向が強いが、立木販売は一過性の傾向があるようである。

５．まとめ

本章では、山林を保有する経営体の経営活動の変化状況を把握するため、経営体の数・面積の変化、林業作業の実施状況、林産物販売のうち用材の販売状況を観察した。

保有経営体は、2005年から10年の間に数で３割、面積で１割減少し、小規模層で減少が大きく、経営体規模は若干大きい方に偏った。また、家族非農業経営体の減少は大きく、特に都市的地域で半減した。

林業作業については、作業実施数の太宗をなす下刈りなど・間伐では、実施率で見るとやや低下した程度だが、実施した経営体数・作業面積は大幅に減少しており、植林も減少した。比較的減少率の小さい主伐については、北海道や東北でプラスも見られ、全国農業地域、農業地域類型間で変化に差が見られた。各作業において家族非農業経営体の減少がひときわ大きく、一方、非家族経営体は主伐や植林で相対的に活発であった。

林産物販売状況は、全国で地域差を持ちながら、立木販売の進展、素材販売の停滞が観察され、素材販売が依然多いもののその差は縮まってきた。形態別には家族農業経営体で立木販売が大幅に増加し、非家族経営体では立木・素材とも増加したのに対し、家族非農業経営体の販売は停滞していた。

このように保有経営体においては、林産物販売実施は立木販売により増加し、林業作業のうち主伐は比較的活発に行われ、第２章で見た素材生産の活発化と照応していた。ただ、植林は減少傾向にあり、再造林実施の動向に懸念が増す方向であった[2)]。また、下刈りなど・間伐は大幅に減少しており、保有経営体の経営活動は従来よりも伐採販売に偏した形で跛行的に進んだと要約されよう。形態別には、家族非農業経営体の活動低下が目立っていた。

なお、経営活動の低下をもたらす要因として考慮すべき点を２つ挙げておきたい。

調査されている林業作業は、主に人工林を対象としたものであり、植栽した林木が成長し保育期を抜ければ必要な作業は少なくなる[3)]。2005年から10年当時の人工林齢級構成は８～10齢級に偏った山型分布をしており、2000年以前から長期的に見れば下刈りなどの作業実施が少なくなるのは自然である。もっとも、2005年から10年の間に人工林内容が大幅に変わったとは考えにくく、この間の作業実施減少はやはり経営活動低下と捉えるしかない。

もう１点は、調査対象の把握に関してである。家族非農業経営体、かつての非農家林家の活動水準が農家林家より低いことは、2000年までのセンサスで（調査対象全体における実施率の低さにより）明らかにされてきた。今回の観察でも同様の傾向であり、とりわけ都市的地域での活動低下は、非農家林家のうちでも林業活動を担ってきた大規模不在村所有者の経営離脱を示唆している。ただ、第３節終りで指摘したように、参入した作業実施経営体数が他の家族農業・非家族に比べてもかなり少ないことが活動低下の要因であり、これを家族非農業経営体の特性と理解してよいかは、調査上の把握状況と関連して検討が必要だろう。

ところで、３つの形態のうち非家族経営体は比較的活発であることが示されたが、その中には会社・地方公共団体・各種団体など性格の異なる多様な組織が含まれる。本章では一括りでの観察にとどまったが、これら組織別の詳細な分析は、第４章・第５章で行っている。

注

1）経営活動の実施状況変化を、活動実施数の増減により観察する意義を確認しておきたい。2000年センサスまでは、調査対象が（基準となる山林保有面積以上の）林業事業体すべてだったので、活動実施した事業体数の割合（実施率）は、間断性が普通である活動の状況をそのまま表わしていた。けれども2005年センサス以降は、経営活動を指標とする外形基準を満たす経営体のみが調査対象となったため、活動していない者を含めた全体の実施状況は分からなくなり、実施率はいわば調査対象の特性を表わすに過ぎなくなった。もっとも、2000年の調査対象のうち林家（保有山林面積３ha以上）の数は421,191で、05年393,139・10年386,682と減少は小さく、2000年の調査対象はその後も極端には変容してないと思われる（林家以外の林業事業体については不明だが）。したがって、調査対象内の各種集団における実施率の相対的比較は、集団間の相違を示すものとして大きな解釈誤りにはならないだろう。ただし各集団の構成比が調査対象・対象外で同じならば、という前提付きであり、実施率による観察は注意が必要である。本章では、実施率ではなく、経営体数・面積の増減の観察に主眼を置いた（なお、第７章では実施率の観察を用いている）。

2）表３－２、５、７により主伐実施および立木販売経営体数の和と植林実施経営体数とを比べると、全体では植林が大きく上回るものの、その差は2010年には縮まり、区分によっては植林が下回る場合も見られる。主伐と立木販売の両方を行う経営体も多いので適切な比較ではないが、主伐や立木販売後の再造林実施について、懸念が増す方向である。

3）経営体の保有山林の人工林率および人工林齢級構成は2005年調査まで設問されていたが、10年調査で設問がなくなった。参考として、05年の人工林内容

表３－９　人工林率別・齢級構成別の経営体数構成比、作業実施率、販売率（2005 年）

	保有経営体計	家族農業	家族非農業	非家族	保有経営体					
					林業作業実施率				販売率	
					植林	下刈りなど	間伐	主伐	立木で	素材で
人工林率別	（経営体数、構成比%）				（構成比%）					
計	197,188	123,390	53,297	20,501	8%	44%	40%	2.6%	1.9%	4.7%
100%	39%	37%	42%	45%	9%	44%	45%	2.5%	1.9%	5.7%
80% ～ 100% 未満	11%	11%	11%	10%	10%	48%	51%	3.7%	3.0%	8.1%
60 ～ 80%	13%	14%	12%	11%	9%	45%	43%	3.0%	2.2%	5.1%
40 ～ 60%	11%	12%	11%	9%	9%	47%	42%	2.6%	1.9%	3.7%
20 ～ 40%	11%	12%	10%	8%	8%	47%	36%	2.2%	1.7%	2.5%
10 ～ 20%	5%	5%	4%	4%	8%	47%	29%	2.2%	1.6%	1.8%
10% 未満	4%	4%	4%	4%	8%	46%	25%	2.2%	1.7%	1.5%
なし	6%	5%	6%	9%	0%	22%	8%	1.0%	0.7%	0.5%
人工林齢級構成別										
計（人工林あり）	186,189	117,190	50,252	18,747	9%	45%	42%	2.7%	2.0%	4.9%
10 年生以下が 6 割以上	5%	5%	5%	4%	26%	64%	21%	3.6%	2.4%	2.8%
11 ～ 30 年生が 6 割以上	23%	24%	21%	20%	6%	45%	40%	1.5%	1.1%	2.5%
31 ～ 40 年生が 6 割以上	22%	22%	23%	24%	4%	36%	41%	1.4%	1.2%	3.6%
41 年生以上が 6 割以上	19%	17%	21%	25%	5%	35%	40%	2.7%	2.5%	5.6%
その他	20%	21%	20%	18%	13%	52%	47%	3.7%	2.6%	6.8%
3 つの齢級が 2 割以上	11%	12%	10%	9%	16%	60%	54%	5.2%	3.5%	8.8%

別の経営体数および経営活動との関係を表３－９に示す。人工林率別には、植林・下刈りなどの実施率は人工林なしの経営体以外は同水準で、間伐・主伐および素材での販売は人工林率が高いほど実施率が高い。人工林齢級構成別（齢級別面積を用いて齢級構成の偏りを基準に区分した）には、齢級構成に応じた各作業実施率の相違が見られるほか、齢級構成の偏りが小さい経営体（表中区分で「３つの齢級が２割以上」「その他」）で作業や販売の実施率が高い傾向が観察される。

参考文献

餅田治之・志賀和人編著（2009）日本林業の構造変化とセンサス体系の再編―2005 年林業センサス分析―．農林統計協会、東京、261pp.

興梠克久編著（2013）日本林業の構造変化と林業経営体―2010 年林業センサス分

析—. 農林統計協会、東京、308pp.

第4章

共的保有林の経営動向

大地俊介

１．はじめに

わが国にはかつて地域住民が共同で利用する入会林野が600万ha近く存在し[1)]、今日なおその一部が共的な性格を有する経営体として存続している。共的保有林をめぐっては、近年、森林組合等の事業者による集約化施業のなかで中核的な役割を果たしているという事例も報告され始めており[2)]、その今日的な経営動向を捉えることは重要だろう。

しかしながら、公表されている農林業センサスの集計表では共的な保有体の経営動向を捉えることは困難である。2000年まで存在していた「慣行共有」という区分が2005年以降、廃止されてしまったためである。

だが、共的保有林が調査対象から外されてしまったわけではない。共的保有林のデータ自体は存在しているが、他の区分のなかに埋没しているだけである。したがって、それを抽出することができれば共的保有林の動向を分析することも不可能ではない。

そこで本章では、ミクロデータを利用することによって、他のカテゴリーのなかに埋没してしまっている共的保有林に関するデータを抽出し、その経営動向を分析することを目的とした。ミクロデータがもっている豊富な情報量を活用することで、センサス上では不可能になっていた共的保有林の経営動向を捉えようという試みである。特に共的保有林が多く組織的にとらえやすい生産森林組合と財産区を抽出し、その経営動向を分析した。

２．経営体の区分

２．１．慣行共有のゆくえ

共的保有林に関しては、林業センサスでは「林家以外の林業事業体」の一形態として「慣行共有」という区分がありその動向が捉えられていたが、上述したように2005年に廃止された。しかしそれによって慣行的に共有され、経営されてきた林野自体が消滅したわけではない。かつて「慣行共有」に区分されていた経営体は、林業経営体の条件を満たしているかぎりは現在も調査対象とされているはずである。

では、かつて「慣行共有」に区分されていた林業事業体は、新しい区分法ではどこに区分されているのか。以下、2000年センサス以前と2005年センサス以降の区分法を「慣行共有」を中心に整理することから始める。

2000年以前のセンサスでは、林業事業体を「林家」と「林家以外の林業事業体」に大別し、後者を「会社」、「社寺」、「共同」、「各種団体・組合」、「慣行共有」、「財産区」、「市区町村」、「地方公共団体の組合」、「都道府県」に9区分していた。

「慣行共有」に関しては次の3つの条件のいずれかに該当することを判定基準としていた[3)]。すなわち1）山林からの収入や林産物をムラ（集落等）の費用や公共の事業に使うことがある、2）その山林は昔からのしきたりで持っている、または利用している、あるいは利用させている、3）山林の権利者になる資格は、特定のムラ（集落等）に住んでいるものに限る、である。これらは、入会林野の基本性格である共同性、慣行性、地縁性を条件化したものである。

表4－1は、2000年センサスにおける「林家以外の林業事業体」の経営

表4－1　2000年センサスにおける林家以外の林業事業体

区分	実数		構成比	
	事業体数	面積（ha）	事業体数	面積
全体計	153,036	6,440,728	100.0	100.0
会社	19,960	1,528,892	13.0	23.7
社寺	13,296	122,078	8.7	1.9
共同	74,442	543,322	48.6	8.4
各種団体・組合	8,393	382,660	5.5	5.9
慣行共有	34,029	1,054,688	22.2	16.4
財産区	639	90,197	0.4	1.4
市区町村	2,123	1,120,868	1.4	17.4
地方公共団体の組合	107	19,968	0.1	0.3
都道府県	47	1,578,056	0.0	24.5

注：2000年センサスより作者作成

形態別事業体数を示したものである。このように「慣行共有」は、34千事業体余り、１百万ha余りが存在し、「林家以外の林業事業体」において事業体数ベースで22.2%、面積ベースで16.4%という少なくない部分を占めていたことが分かる。事業体の数としては「会社」を上回り、面積としては「会社」よりは少ないものの、「市区町村」にほぼ匹敵する規模である。

また、「慣行共有」については、上記のように３条件のいずれかを満たしさえすればさまざまな組織形態をとりうる。そのためセンサスでは「慣行共有」をさらに「会社」、「社寺」、「共同」、「各種団体・組合」、「財産区」、「ムラ・旧市区町村」に６区分していた。表４－２は「慣行共有」の形態別事業体数を示したものである。事業体の総数が表４－１と合わないのは、表４－１がセンサスで調査対象となるすべての事業体（保有面積１ha以上）の集計結果であるのに対して、表４－２は保有面積10 ha以上の事業体の集計結果であることによる。これをみて明らかなように、「慣行共有」における主要な組織形態は、「ムラ・旧市区町村」（43.2%）が大部分を占め、その後に「共同」（22.2%）、「各種団体・組合」（19.2%）、「財産区」（10.5%）と続く。会社と社寺は、両者を合わせても５%以下とごく少ない。

「ムラ・旧市区町村」とはいわゆる集落有林などと呼ばれるもので、集落や大字小字の名義で所有されている林野のことを指す。本来このような地縁的な集団は個人でも法人でもないため、林地の登記主体になることはできない。しかし、明治以来の土地制度の変遷のなかで慣行的に存続してきた。1966年に制定された入会林野近代化法では、このような法人格を有さない地縁的な集団

表４－２　形態別にみた慣行共有（保有山林面積10ha以上）

形態	事業体数	構成比（%）
慣行共有計	12,071	100
会社	43	0.4
社寺	540	4.5
共同	2,684	22.2
各種団体・組合	2,318	19.2
財産区	1,270	10.5
ムラ・旧市区町村	5,216	43.2

注：2000年センサスより作者作成

を主な政策対象に個人分割や法人化を促して土地所有権を近代化しようと試みてきたが、2000年時でなお5千事業体を超える集落有林が存在し、それが「慣行共有」の中核を成していたのである。

「共同」とは2者以上が共同で林業経営を行う場合の事業体である。基本的には林家が他の林家と共同で林業経営に当たるような場合を捉えているが、入会林野がこの形態をとっているとみなされる場合も少なくない。入会林野では、特に集団の規模が小さいとき、明確に組織をもたずにただその構成員による記名共有で所有・経営されている場合が多い。そのような事業体が「共同」に分類される。

「各種団体・組合」とは団体や組合として組織を成しているような事業体を指す。2005年以降と異なり、法人化しているかどうかは問われない。ここには森林組合の他、生産森林組合や国有林分収造林組合のような組織が分類される。生産森林組合とは有志が林業生産のために林地や労働力をもちよって組織する協同組合である。もともとは入会林野とは無関係に法整備されたが、1966年以降の入会林野近代化の過程で、入会林野を保持したまま法人格を取得しようとした地縁的な集団が大量に生産森林組合に移行した[4)]。そのため、生産森林組合のかなりの部分が、「慣行共有」の性格を有している。2012年時の森林組合一斉調査によると、生産森林組合2,628のうち「集落有林の共同経営」を目的に設立された組合数は1,541あり、その割合は5割を優に超えている。

また、国有林分収造林組合は、国有林上に分収林契約を締結するために地元民が組織する組合で、地域によって部分林組合や愛林組合と呼ばれることもある。一部地域の分収林組合には慣行的に国有林地上で造林を行ってきたものがあり、それらについては「慣行共有」の性格を有するものと判定される。ただ、分収林組合や愛林組合は法人格までは有していない。

最後に「財産区」とは、地方自治法に定められている特別区としての財産区のことを指す。そして、山林を対象とした財産区に関しては、それが市町村合併の際に入会林野の帰属をめぐる紛争の解決手段とされ、設立されてきた経緯がある。そのため、財産区には慣行共有の性格をもっているものが多く見られる。

なお、表４－３は、経営形態別に慣行共有である割合を示したものである。このように、「会社」にはほとんど慣行共有は存在しないが、その他には30％前後の慣行共有が含まれていることが分かる。なかでも「財産区」の慣行共有である割合は70％超と突出している。

次に2005年以降の区分法を見てみよう。2005年以降のセンサスでは、すべての経営体を法人化されているか否か（あるいは地方公共団体・財産区であるか）で大別し、法人化されているものについては、「農事組合法人」、「会社」、「各種団体」、「その他の法人」に分けられる。そして「会社」はさらに「株式会社」、「有限会社」、「合名・合資会社」、「相互会社」に分けられ、「各種団体」はさらに「農協」、「森林組合」、「その他の各種団体」に分けられている。

このような区分法を「慣行共有」との関係で見ると、第１に「慣行共有」という区分自体が消滅していること、第２に、「慣行共有」の主要な形態であった「ムラ・旧市区町村」という区分がなくなっていること、の２点が重要である。

では2000年時まで「慣行共有」と判定されていた事業体は、2005年以降の新しい区分法ではどこに振り分けられるか。新しい区分法に忠実に従うな

表４－３　経営形態別にみた慣行共有である割合

区分	総数	うち慣行共有	慣行共有である割合（%）
会社	4,977	43	1
社寺	2,087	540	26
共同	10,774	2,684	25
各種団体・組合	6,081	2,318	35
財産区	1,734	1,270	73

注：2000年センサスより作者作成

らば、次のようになると考えられえる。

まず、「会社」と「財産区」に関しては、00年以前、05年以降のどちらの区分法にも明示的なカテゴリーが存在しているため、特に迷うこともなく「会社」は「会社」へ、「財産区」は「地方公共団体・財産区」へそのまま移行すると断定できる。

しかし、それ以外については曖昧で、状況依存的である。「社寺」に関しては、宗教法人等のかたちで法人化していれば「その他の法人」に移行するが、法人化していなければ「法人化していない」に移行する。「各種団体・組合」に関しては、農事組合法人や協同組合等であれば、それぞれ「農事組合法人」、「農協」、「森林組合」、「その他の各種団体」に移行するが、法人化していなければ、「社寺」と同じように「法人化していない」に移行する。例えば生産森林組合は「森林組合」に移行するが、国有林分収林組合などは、法人化していないので、「法人化していない」に移行する。

「共同」と「ムラ・旧市区町村」に関しては、これらはすべて「法人化されていない」に移行する。法人化されている「共同」も存在しうるが、それは00年以前においても「会社」や「各種団体・組合」と判定されているはずなので、2000年時に「共同」として捉えられていたものは、すなわち法人化されていないと見なすことができ、05年以降は「法人化していない」に移行すると考えるのが妥当である。同様に「ムラ・旧市区町村」も法人化していないので、「法人化していない」に移行する。

このように、新しい区分法に忠実に従うならば、慣行共有の主要な形態であった「ムラ・旧市区町村」や「共同」、「各種団体・組合」のほとんどは法人化されていないものであるため、05年以降のセンサスでは「法人していない」にまとめて回収されているものと推察される。

2.2.「慣行共有」の抽出

そこで今回の分析では、新しい区分法のなかに埋没してしまった「慣行共有」をできるかぎり抽出するため、05年と10年のミクロデータに対して次のような加工を行った。

まず、すべての林業経営体を「家族経営であるもの」と「家族経営でないもの」に分けたうえで、前者を経営形態を問わず「家族」に一括した。また、後者については経営形態別に分類し、「法人化していない」はそのまま「非法人」とした。こうすることで、「法人化していない」のほとんどを構成している家族経営体を除外し、「非法人」のうち家族経営でないものを捉えた。また、「株式会社」、「有限会社」、「合名・合資会社」、「相互会社」については「会社」に、「その他の各種団体」、「農事組合法人」、「農協」については「各種団体」にまとめ、00年以前の区分法に近づけた。

そして「森林組合」と「地方公共団体・財産区」については、ミクロデータを利用した新たな試みとしてその名称に“生産森林組合”や“財産区”という文字列を含む経営体を抽出し、それぞれ「生産森林組合」と「財産区」という新しいカテゴリーとして分離した。

このような新しい区分法でミクロデータを再集計したところ、表４－４のようになった。

名称抽出によって区分した「生産森林組合」と「財産区」については、05年時にそれぞれ1,457経営体、1,290経営体、10年時にそれぞれ1,558経営体、972経営体となった。また、「非法人」は12,098経営体、6,588経営体となった。他方、「生産森林組合」と「財産区」を抽出することによって浮かび上がった「森林組合」と「地方公共団体」については、05年時に869経営体、968経営体、10年時に703経営体、701経営体という結果になった。

これらの捕捉状況を他の統計と突き合わせて検討すると、次のようなことがいえる。

森林組合統計によると、2005年３月末時点の全国の森林組合数は905、生産森林組合数は3,364、2010年３月末時点では、森林組合数が660、生産森林組合数が3,116となっている。この森林組合統計による組合数を100とす

表4－4　05・10年時点間における形態別経営体数

経営形態	05年	10年	増減		退出・参入			移出・移入			05年に占める退出率	10年に占める参入率
			経営体	%	計	退出	参入	計	移出	移入		
家族経営	177,812	125,592	-52,220	-29	-52,207	84,164	31,957	-13	517	504	47	25
非法人	12,098	6,588	-5,510	-46	-5,108	6,635	1,527	-402	1,265	863	55	23
会社	2,824	2,116	-708	-25	-780	1,263	483	72	142	214	45	23
森林組合	869	703	-166	-19	-190	268	78	24	3	27	31	11
生産森林組合	1,457	1,558	101	7	-231	493	262	332	66	398	34	17
各種団体	907	636	-271	-30	-297	451	154	26	344	370	50	24
財産区	1,290	972	-318	-25	-303	530	227	-15	163	148	41	23
その他法人	1,999	1,320	-679	-34	-659	966	307	-20	317	297	48	23
自治体	968	701	-267	-28	-263	427	164	-4	98	94	44	23
合計	200,224	140,186	-60,038	-30	-60,038	95,197	35,159	0	2,915	2,915	48	25

ると、森林組合については、センサスが捕捉した組合数は05年に96.0%、10年に106.5%となる。10年に捕捉率が100%を超えていることについては、森林組合はセンサス調査では支所単位で回答している場合があり、森林組合の広域合併が進む中、支所単位で答えたものがそのまま1経営体としてカウントされるという例が増えたからではないかと推察される。他方、生産森林組合については、センサスが捕捉した組合数は05年に43.3%、10年に50.0%であった。05年から10年にかけて実数、捕捉率とも上昇が見られる。その要因の1つとしては休眠状態から活動を再開した生産森林組合があった可能性が考えられる。

表4－5は10年の森林組合と生産森林組合について、森林保有がある割合、林業作業受託がある割合を算出した結果である。森林組合では受託ありの割合が高いこと、生産森林組合では保有ありの割合が高く、受託ありの割合が低いことはそれぞれの組織上の性格として妥当である。しかし、森林組合で保有ありの割合が61%と高いことは、実際には生産森林組合であるものを、名称抽出の曖昧さから森林組合と判断してしまっている可能性が懸念

表4－5　森林組合と生産森林組合の保有・受託の有無（2010年）

	経営体	割合（%）	
		保有あり	受託あり
森林組合	703	61.0	90.5
生産森林組合	1,558	99.8	4.3

される。

また、財産区と地方公共団体については、総務省の資料によると2005年4月時点の都道府県及び市町村の数は2,442、2010年4月時点では1,774であった。これらを100とすると、センサスで捉えられた地方公共団体の数は05年に39.6%、10年に39.5%である。その率が変わらないことからすると、ほぼ合併による市町村数の減少に比例してセンサスにおける林業経営体数としても減少したことになる。一方、財産区について、2000年センサスと比べて見ると、2000年センサスでは、慣行共有でない財産区で3 ha以上の山林を保有する林業事業体は570、保有山林10 ha以上の慣行共有で名義が財産区のものは1,270あった。これらを合計した数値を100としたときの05年センサスでの捕捉率は70%であった。また、他に財産区については、『全国財産区悉皆調査』（泉ら、2008）によって2007年時に山林を保有する財産区が約2,000団体存在していることが捉えられている[5)]。これと比較すると、今回のセンサスによる捕捉率は50～60%の間になる。

このように、新たにミクロデータの名称抽出という方法で作成した「生産森林組合」と「財産区」について見ると、名称抽出ゆえの曖昧さは残るものの、その捕捉率は生産森林組合で50%、財産区で60%超となり、一定の水準には達していると評価できる。

また、「各種団体」については、00年以前のセンサスで「各種団体・法人」や「ムラ・旧市区町村」に区分されていた事業体が相当数ここに移行していることが分かった。つまり、“区有林”、“字有林”、“愛林組合”という文字列を含む名称をもつものが「各種団体」に含まれており、厳密には「法人化されていない」に区分されるべき経営体が、法人化されているはずの「各種団体」として区分されてしまっていることがうかがわれた。このように法人化されていないはずの各種組合・団体の多くが「各種団体」に分類されてしまっていることについては、農林水産省統計部がインターネット上でも公開している『農林業センサス等に用いる用語の解説』で、「その他の各種団体」のなかに、「森林組合以外の組合、愛林組合」を含むと解説しており、それが影響していると考えられる[6)]。

このような定義の曖昧さは、センサス上の経営形態区分の不安定さにもつながっている。特に、かつて「慣行共有」に区分されていた共的保有林でその傾向が著しい。表４－６は、05 年と 10 年の２時点間でコード接続できた経営体について、その経営形態がどのように異動したかを集計したものである。これを見ると分かるように、基本的には多くの経営体では 05 年時の経営形態が 10 年時にもそのまま保持されているが、「生産森林組合」や「財産区」、さらには「自治体」のような比較的安定的と思われる形態においても経営形態の変化が少なからず起きていることが分かる。例えば、05 年から 10 年にかけて 33 の生産森林組合が「非法人」になったり、逆に 16 の非法人が「生産森林組合」になったりしている。また、18 の各種団体が「財産

表４－６　05・10 年の２時点間における形態異動

経営形態		10 年								
		1	2	3	4	5	6	7	8	9
05 年	1 家族	93,131	346	151	2	6		1	11	
	2 非法人	342	4,198	59	16	190	278	113	185	82
	3 会社	109	28	1,419					5	
	4 森林組合				598	3				
	5 生産森林組合	2	33	1	7	898	13	5	4	1
	6 各種団体	5	151	1	2	95	112	18	70	2
	7 財産区	2	111			19	23	597	6	2
	8 その他法人	41	133	2		84	41	9	716	7
	9 地方公共団体	3	61			1	15	2	16	443

区」になったり、逆に23の財産区が「各種団体」になったりしている。このような経営形態間の異動の多さは、実際に、組織の解散や合併等に伴う形態変化を表している場合もあるだろうが、例えば「非法人」から「生産森林組合」への異動は生産森林組合を新設していることを意味するが、生産森林組合については組合員の高齢化や法人税負担に耐え切れず全国的に解散が増えている状況であり、必ずしも実態をそのまま投影した数値とは考えがたい。

このような形態間の異動は「非法人」や「各種団体」、「その他法人」で特に異動が激しいことから、法人化の有無を重要な基準とする新しい区分法のもとで混乱が生じているものと推察される。

なお、「非法人」や「各種団体」、「その他法人」についてもミクロデータを利用した名称抽出を実施し、かつての「慣行共有」を分離することも不可能ではないが、今回は実施しなかった。「非法人」などに含まれる共的保有林は法律に基づく団体ではないため、生産森林組合や財産区のように名称の付け方が多様である。そのため、ミクロデータを利用した名称抽出を適切に設定することが困難であった。

以上をまとめると、かつて「慣行共有」として捉えられていた共的保有林は、05年以降の区分法に忠実に従うならば「法人化していない」、「森林組合」、「地方公共団体・財産区」に分類されていると考えられる。今回の分析では、ミクロデータを利用した名称抽出によって、「森林組合」から「生産森林組合」を、「地方公共団体・財産区」から「財産区」を抽出し、50％以上の捕捉率で捉えることができ、これによって生産森林組合と財産区の経営動向を分析することがある程度可能になった。しかし他方で、共的保有林は定義の曖昧さから「法人化していない」や「各種団体」、「その他法人」にも多く含まれていることがミクロデータを一瞥することで判明したが、名称抽出法によって分離することまではできなかった。

３．共的保有林の保有状況

次に、共的保有林が多く含まれていると思われる経営形態、すなわち「非法人」、「生産森林組合」、「各種団体」、「財産区」を中心にその保有状況、林業作業、素材生産の動向を見る。なお、分析対象は森林を保有している経営体に限定し、受託のみの経営体は除外する。

３．１．保有面積の分布

まず、経営形態別の保有面積の分布について見る。「慣行共有」に関してはこれまでのセンサス分析でも一般林家よりも保有規模が大きいことが指摘されてきたが[7)]、05 年時の経営体のミクロデータを使用して保有面積の記述統計を行ったところ表４－７のようになった。

表４－７から分かるように、197,188 経営体の平均保有面積は 29 ha、中央値は 7 ha、変動係数は 20.9 となっているのに対して、各形態のそれはばらばらで、それぞれがまったく異なる分布をもっていることがうかがわれる。

経営形態別に平均面積を比べると、最大は「地方公共団体」の 1,429 ha で、それに「会社」の 402 ha が次ぐ。そのあとは「財産区」の 186 ha、「そ

表４－７　05 年時における形態別での保有面積に関する記述統計

区分	経営体	平均	中央値	最大値	変動係数
家族	176,687	13	6	4,183	2.9
非法人	11,479	33	10	5,524	3.7
会社	2,012	402	25	140,685	9.9
森林組合	457	173	23	9,822	4.0
生産森林組合	1,450	127	53	4,165	2.1
各種団体	877	127	17	18,250	7.0
財産区	1,289	186	65	8,552	2.4
その他	1,971	161	13	27,074	6.8
地方公共団体	966	1,429	205	81,080	4.3
合計	197,188	29	7	140,685	20.9

の他法人」の 161 ha、「森林組合」の 173 ha、「各種団体」の 127 ha、「生産森林組合」の 127 ha が 100 ha 台で並び、ずっと下がって「非法人」の 33 ha、「家族」の 13 ha となる。

このように平均を比べるだけでも、かつての「慣行共有」が多く含まれると思われる「生産森林組合」、「各種団体」、「財産区」がある程度まとまった規模を有していることが分かる。また、「非法人」に関しても、「家族」よりは平均面積が大きい。

図４－１は、このような保有面積の分布状況を図示するために、形態別に対数化ヒストグラムを作成したものである。常数でヒストグラムを作成すると保有面積の小さな経営体数が圧倒的に多く、きれいに図示できないため、対数化ヒストグラムを用いた。

この図から明らかなように、「家族」や「非法人」、「その他法人」は小規模層に集中的に強いピークが現れているのに対して、「生産森林組合」や「財産区」、「地方公共団体」はそれよりも大きな層にピークが現れている。

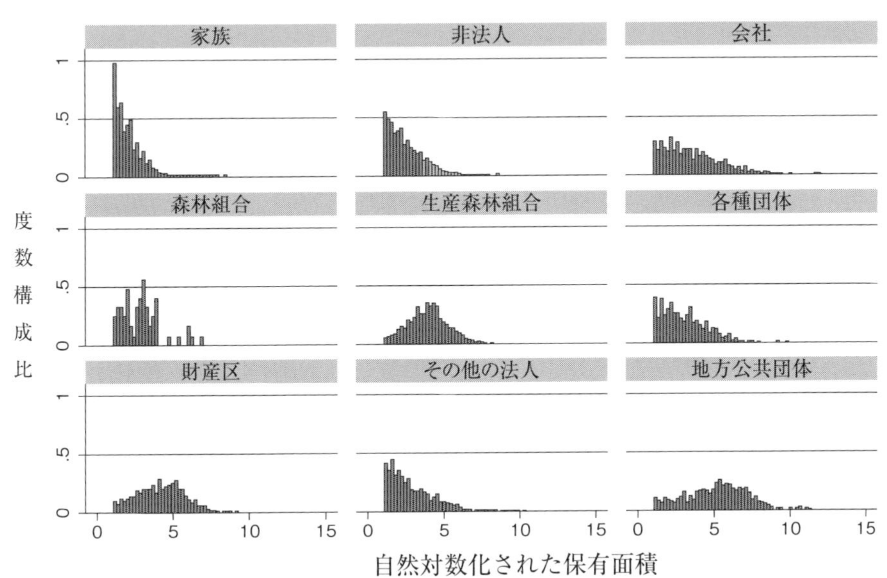

図４－１　形態別にみた 05 年経営体保有面積の対数化ヒストグラム

また、分布のかたちを見ると、「生産森林組合」や「財産区」、「地方公共団体」が紡錘型であるのに対して、「家族」や「非法人」、「その他法人」はすべり台型である。「会社」と「森林組合」、「各種団体」はすべり台型に近いが、傾斜が緩やかである。

このように、保有面積の分布は経営形態で大きく異なる。全体的には、小規模層に多くの経営体が集中するすべり台型に分布しているが、「生産森林組合」と「財産区」に関しては中層が分厚く、地方公共団体に近いかたちをしているという特色を読みとることができる。

3.2. 保有面積の構成変化

では、このように経営形態別に分布の異なる保有面積は、05年から10年にかけての2時点間でどのように変化したか。ここではその変化を捉えるために、05年と10年の両方で観測されている継続経営体を分析対象とし、さらに経営形態の異動を伴う変化を除去するため、2時点とも同じ経営形態をとっている事業体だけに限定した。

そのような条件のもとで保有状況を所有、貸付、借入に分けてみたところ、表4－8のような結果になった。

05年からみていくと、「生産森林組合」、「財産区」、「その他法人」は所有に対する貸付率が14%、26%、12%と大きい。これは、これらの形態で林業公社等による分収造林が広く実施されていることを示している。

一方、「各種団体」、「その他法人」、「地方公共団体」は保有に対する借入率が38%、23%、18%と大きい。借入経営の代表的な例は都道府県の林業公社が挙げられるが、借入率の高い形態が3つに区分されているのは、都道府県によって林業公社の分類先が異なり、それに影響されたものと考えられる。つまり、通常、林業公社は各種団体に分類されるべきだが、県によってはその他法人や地方公共団体に分類されている場合がある。

次に05年から10年にかけての変化を見ると、保有面積は全体的に拡大す

表４－８　形態別での保有、所有、貸付、借入面積の変化

	経営形態	経営体数	保有	所有	貸付	借入	所有に占める貸付率	保有に占める借入率
05年	家族	92,832	1,354,630	1,384,347	40,191	10,474	3	1
	非法人	4,056	129,784	127,778	11,544	13,550	9	10
	会社	1,041	531,449	489,682	21,280	63,047	4	12
	森林組合	385	68,697	45,686	1,517	24,528	3	36
	生産森林組合	898	126,060	142,530	19,568	3,098	14	2
	各種団体	104	37,495	23,609	215	14,101	1	38
	財産区	597	154,526	202,469	51,635	3,692	26	2
	その他法人	711	148,341	129,482	15,191	34,050	12	23
	地方公共団体	443	1,100,170	972,528	65,483	193,126	7	18
	合計	101,067	3,651,151	3,518,110	226,625	359,667	6	10
10年	家族	92,832	1,396,400	1,418,816	31,751	9,335	2	1
	非法人	4,056	135,994	131,687	5,431	9,737	4	7
	会社	1,041	543,070	507,391	26,185	61,864	5	11
	森林組合	385	88,831	61,800	1,040	28,070	2	32
	生産森林組合	898	132,628	141,217	10,710	2,121	8	2
	各種団体	104	36,018	7,009	212	29,220	3	81
	財産区	597	161,843	199,269	40,494	3,069	20	2
	その他法人	711	145,278	119,394	16,699	42,584	14	29
	地方公共団体	443	1,127,359	1,058,483	87,446	156,322	8	14
	合計	101,067	3,767,422	3,645,067	219,969	342,324	6	9
増減	家族	0	41,770	34,469	-8,441	-1,139		
	非法人	0	6,210	3,910	-6,113	-3,813		
	会社	0	11,621	17,709	4,905	-1,183		
	森林組合	0	20,134	16,114	-478	3,542		
	生産森林組合	0	6,569	-1,312	-8,858	-977		
	各種団体	0	-1,477	-16,600	-3	15,120		
	財産区	0	7,318	-3,199	-11,140	-624		
	その他法人	0	-3,062	-10,088	1,508	8,534		
	地方公共団体	0	27,189	85,955	21,963	-36,804		
	合計	0	116,271	126,957	-6,656	-17,343		
増減率	家族	0	3	2	-21	-11		
	非法人	0	5	3	-53	-28		
	会社	0	2	4	23	-2		
	森林組合	0	29	35	-31	14		
	生産森林組合	0	5		-45	-32		
	各種団体	0	-4	-70		107		
	財産区	0	5	-2	-22	-17		
	その他法人	0	-2	-8	10	25		
	地方公共団体	0	2	-9	34	-19		
	全体	0	3	3	-3	-5		

る方向で変化する。保有面積が減少しているのは、「各種団体」と「その他法人」だけで、それ以外の形態ではそれぞれ保有面積が増えている。また、その変化率の幅はプラスマイナス５％程度で、森林組合が29％と突出している。

このような変化がどのようにして生じたかを所有、貸付、借入に分けて見ると、まず所有面積の変化については、「生産森林組合」、「各種団体」、「財産区」、「その他法人」で減少し、それ以外では増加している。特に変化が大きいのは「地方公共団体」で、約86千haも増加している。貸付面積については、増えているのは「会社」、「その他法人」、「地方公共団体」の３形態で、減っているのは「家族」、「非法人」、「生産森林組合」、「財産区」である。特に「非法人」で減り幅が53％と大きく、「生産森林組合」が45％とそれに次ぐ。そして、借入面積の変化については、「森林組合」、「各種団体」、「その他法人」で増やしているが、その他は減少している。

このように形態別に所有、貸付、借入の変化を見ると、「生産森林組合」と「財産区」については、所有、借入ともに減少しているが、それを上回る貸付の減少によって全体として保有面積が増加するというパターンを示していることが分かる。つまり、借入林野が減り、その分保有面積が減ったものの、貸付していた林野が自営に戻ってきたことで保有面積が増えている。

一方、「非法人」については、所有面積自体の増加に加えて、借入減を上回る貸付減があったため、保有面積が増えている。借入と貸付との関係は「生産森林組合」と同じパターンだが、所有面積がわずかながら増加している点が異なる。

「各種団体」と「その他法人」は、大幅な所有減を大幅な借入増で和らげて、全体としてやや保有減というパターンを示している。ただ、これを精査したところ、どちらの形態でも林業公社と思われる規模の経営体で、05年時に所有で計上されていた面積が10年時に借入に付け替えられていたことに影響されたものであった。所有の借入への付け替えは、たとえば県有林の経営を林業公社に移管するような場合が考えられるが、通常、林業公社の債務整理に際してはその逆のパターンのほうが多い。そのため、今回観測された大幅な所有減、借入増はデータの記入ミスによるものである可能性があり、それを除外すれば、あまり大きな変化は起きていないことになる。

また、「地方公共団体」については、貸付増、借入減であるものの、それを補って余りある所有増によって全体として保有増になっているが、このような所有増をもたらしている経営体を精査したところ、05年から10年にかけて市町村合併を行った地方公共団体が多く、合併に伴う所有面積の変化がこのようなかたちで反映されたものと考えられる。

このような各経営形態の保有状況の変化について共的保有林という観点からみて見ると、慣行共有とのかかわりが深いと考えられる「生産森林組合」と「非法人」で貸付面積が45％も減っているのが興味深い。林業公社等との分収造林契約が満了し、その分が自営に戻ってきている可能性もある。

ただ、その際すべての貸付林野が戻ってくるわけではない。「生産森林組合」では、貸付林野の一部が売却され、それが所有面積の減少を引き起こしている可能性がある。表４－９は、貸付面積の増減と所有面積の増減の関係を示したものである。このように「生産森林組合」では貸付面積が減少した199経営体のうち149経営体で同時に所有面積が減少している。実際に、都道府県別に見た際に貸付面積の減少が大きかった宮崎県について詳しく見たところ、貸付面積の減少に伴って所有面積も減少するという経営体が多く見られ、それが全体的な傾向に反映されていた。

表４－９　貸付面積と所有面積の増減別にみた生産森林組合の経営体数

区分		所有面積			計
		減少	変化なし	増加	
貸付面積	減少	149	14	36	199
	変化なし	122	358	117	597
	増加	34	27	41	102
計		305	399	194	898

このように、経営形態別に保有状況について見ると、第1に、「生産森林組合」や「財産区」は保有規模が比較的大きな経営体が多く、それが中層に集まっていることが分かった。また、両者の保有構成は貸付が多いという点で似ており、05年から10年にかけて貸付が減少することで保有面積が増加するという傾向も共通していた。現行のセンサスでは「財産区」は「地方公共団体」に一括されているが、むしろ「生産森林組合」に似ているということができる。

4．林業作業の実施状況

4.1．林業作業実施率と面積

次に、林業作業の実施状況について見てみる。

表4－10は、過去5年間における林業作業の実施経営体数の変化を示したものである。実施経営体率は、実施経営体数を経営体で除したものである。これを見ると、林業作業の実施状況は、全作業種において総じて不活性化していることが分かる。05年から10年にかけてすべての作業種で実施経営体は減少している。

ただ、さらに形態別でみたとき、慣行共有が多く含まれていると思われる「非法人」で活性が低いことが指摘できる。「非法人」では05年・10年の双方において全作業種で他の形態よりも実施率が際立って低い。特に植付け、下刈り、間伐の育林作業において他の経営形態よりポイントが低く、05年から10年にかけてさらにポイントを下げ、不活性化がさらに深まっているような状況である。

一方、「生産森林組合」と「財産区」に関しては、植付けでは「非法人」とあまり差のない実施率になっているが、下刈りと間伐では実施率がやや高く、「家族」よりも上である。また、「各種団体」と「その他法人」については、全作業種で「生産森林組合」や「財産区」よりは低いが、「家族」とあまり差がない。

表４－10　過去５年間に林業作業を実施した経営体

経営形態		経営体数	林業作業を実施した経営体数				林業作業を実施した経営体の割合（%）			
			植付け	下刈り	間伐	主伐	植付け	下刈り	間伐	主伐
05年	家族	92,832	15,985	54,411	55,691	5,627	17	59	60	6
	非法人	4,056	285	1,550	1,762	161	7	38	43	4
	会社	1,041	305	614	639	211	29	59	61	20
	森林組合	385	90	212	234	39	23	55	61	10
	生産森林組合	898	170	648	672	62	19	72	75	7
	各種団体	104	20	67	60	5	19	64	58	5
	財産区	597	139	428	426	52	23	72	71	9
	その他法人	711	126	407	427	45	18	57	60	6
	地方公共団体	443	199	362	378	99	45	82	85	22
	合計	101,067	17,319	58,699	60,289	6,301	17	58	60	6
10年	家族	92,832	11,441	48,218	47,136	3,931	12	52	51	4
	非法人	4,056	242	1,464	1,560	144	6	36	38	4
	会社	1,041	301	590	611	230	29	57	59	22
	森林組合	385	115	193	230	59	30	50	60	15
	生産森林組合	898	139	574	577	35	15	64	64	4
	各種団体	104	17	57	63	7	16	55	61	7
	財産区	597	128	378	382	48	21	63	64	8
	その他法人	711	95	387	384	47	13	54	54	7
	地方公共団体	443	178	331	371	117	40	75	84	26
	合計	101,067	12,656	52,192	51,314	4,618	13	52	51	5
変化	家族	0	-4,544	-6,193	-8,555	-1,696	-5	-7	-9	-2
	非法人	0	-43	-86	-202	-17	-1	-2	-5	-0
	会社	0	-4	-24	-28	19	-0	-2	-3	2
	森林組合	0	25	-19	-4	20	6	-5	-1	5
	生産森林組合	0	-31	-74	-95	-27	-3	-8	-11	-3
	各種団体	0	-3	-10	3	2	-3	-10	3	2
	財産区	0	-11	-50	-44	-4	-2	-8	-7	-1
	その他法人	0	-31	-20	-43	2	-4	-3	-6	0
	地方公共団体	0	-21	-31	-7	18	-5	-7	-2	4
	合計	0	-4,663	-6,507	-8,975	-1,683	-5	-6	-9	-2
変化率	家族	0	-28	-11	-15	-30				
	非法人	0	-15	-6	-11	-11				
	会社	0	-1	-4	-4	9				
	森林組合	0	28	-9	-2	51				
	生産森林組合	0	-18	-11	-14	-44				
	各種団体	0	-15	-15	5	40				
	財産区	0	-8	-12	-10	-8				
	その他法人	0	-25	-5	-10	4				
	地方公共団体	0	-11	-9	-2	18				
	全体		-27	-11	-15	-27				

主伐作業に関しては、「会社」、「森林組合」、「地方公共団体」での実施率が高く、05年から10年にかけて実施率が上昇しており、主伐が活性化していることがうかがわれる。しかし、それ以外の形態では実施率が10%以下で低迷し、「各種団体」以外では実施率が下がる傾向が見られる。

表4－11は、過去1年間に実施した林業作業の実施面積を集計したものである。このとおり、作業面積自体は全体的には林業作業が不活性化している様子がうかがわれる。特に下刈りと間伐では実施面積の減少率が33%と23%と大きい。ただ、植付けについては実施面積が3%と増加している。

「慣行共有」が多く含まれているであろう形態について見ると「非法人」では、下刈りと間伐はともに24%も減っているが、植付けと主伐は54%、33%とかなり増えている。表4－10では植付け、主伐の実施率はほとんど変化していなかったので、実施経営体当たりの実施面積が増えた結果と考えられる。「生産森林組合」は、植付けと下刈りが増え、間伐と主伐が減っている。このことは、表4－10では「非法人」と同じようにすべての作業種で実施率が低下していたので、実施経営体当たりの実施面積が大きく伸びた結果と推察される。「各種団体」はその逆で植付けと下刈りが減り、間伐と主伐が増えている。「財産区」は下刈りのみは減少しているが、植付け、間伐、主伐は増加している。特に植付けと主伐の増加率が著しく、前者は急激に伸びている。「その他法人」では、植付け、下刈り、間伐は減っているが、主伐だけが増えている。

このように、全体的な傾向としては作業面積が減少し、林業作業が不活性化しているように見えるが、もう少し詳しく見ると、植付け、下刈り、間伐の減少は経営体数の多い「家族」での減少分に引っぱられるかたちで現れている。その他の経営形態については植付け、下刈り、間伐、主伐の面積の増減にはさまざまなパターンが見られ、部分的に活性化しているところも見受けられる。

特に興味深いのは、「非法人」、「生産森林組合」、「財産区」での植付け面

表４－11　過去１年間に林業作業を実施した面積

経営形態		経営体	植付け	下刈り	間伐	主伐
05年	家族	92,832	8,541	64,599	84,559	3,596
	非法人	4,056	320	3,971	5,731	269
	会社	1,041	3,142	26,474	18,261	2,678
	森林組合	385	482	3,468	2,554	184
	生産森林組合	898	207	3,173	3,539	107
	各種団体	104	113	4,966	1,101	37
	財産区	597	271	2,704	2,912	41
	その他法人	711	254	5,498	5,351	168
	地方公共団体	443	1,412	25,685	26,108	2,397
	合計	101,067	14,741	140,538	150,116	9,476
10年	家族	92,832	7,262	42,549	60,111	3,628
	非法人	4,056	492	3,010	4,370	358
	会社	1,041	1,931	14,780	13,094	2,625
	森林組合	385	755	4,468	4,288	345
	生産森林組合	898	265	6,230	2,823	78
	各種団体	104	88	1,968	1,835	168
	財産区	597	2,130	1,749	3,273	111
	その他法人	711	219	3,902	4,487	259
	地方公共団体	443	1,984	15,568	21,157	1,154
	合計	101,067	15,125	94,225	115,437	8,726
変化	家族	0	-1,279	-22,050	-24,447	32
	非法人	0	172	-961	-1,361	89
	会社	0	-1,210	-11,694	-5,167	-53
	森林組合	0	274	1,000	1,733	162
	生産森林組合	0	58	3,057	-716	-29
	各種団体	0	-24	-2,998	734	131
	財産区	0	1,859	-954	361	69
	その他法人	0	-36	-1,596	-864	91
	地方公共団体	0	572	-10,117	-4,952	-1,243
	合計	0	384	-46,313	-34,679	-750
変化率	家族	0	-15	-34	-29	1
	非法人	0	54	-24	-24	33
	会社	0	-39	-44	-28	-2
	森林組合	0	57	29	68	88
	生産森林組合	0	28	96	-20	-27
	各種団体	0	-22	-60	67	356
	財産区	0	687	-35	12	168
	その他法人	0	-14	-29	-16	54
	地方公共団体	0	40	-39	-19	-52
	全体	0	3	-33	-23	-8

積の増加である。05 年比でそれぞれ 172 ha（54％)、58 ha（28％)、1,859 ha（687％）ずつ増やしている。特に「財産区」で急激に植付け面積が伸びていることが注目される。

このような変化がどのようにもたらされたかは、一概には言えないが、一つの可能性として主伐・再造林のサイクルが一部で発生していることが考えられる。「非法人」、「生産森林組合」、「財産区」の主伐面積の変化を見ると、「非法人」と「財産区」では 05 年比でそれぞれ 89 ha（33％)、69 ha（168％）ずつ増やしており、一応は主伐・再造林の対応がとれている。ただし、「生産森林組合」については主伐面積を 29ha（－27％）減らしており、「非法人」や「財産区」では主伐面積よりも植付け面積の方が大きい。これについては、「各種団体」で主伐面積が増加していることが関係している可能性がある。「各種団体」では主伐面積を 05 年比で 131ha（356％）も増やしているが、植付け面積は減らしている。ゆえに「各種団体」に多く見られる林業公社等が分収造林を主伐した後、それが「非法人」や「生産森林組合」、「財産区」に返却され、それをそれぞれが自営的に再造林しているのであれば、主伐面積と植付け面積のずれは説明できる。

ただ、このような解釈はあくまで一つの可能性である。そもそも過去 1 年間に実施された植付け面積と主伐面積とは直接的には関係しておらず、主伐面積と植付け面積をそのまま結びつけることはできない。例えば、ミクロデータを使用して「財産区」での植付け面積の大幅な増加をもたらしたものを探ったところ、福島県の「財産区」がその増加分のほとんどを占めていることが分かったので、福島県に限定して「財産区」と「各種団体」の主伐面積と植付け面積の関係を見たが、両者にはほとんど関係性が見られず、ただ、10 年時に植付け面積が増加していただけだった。少なくとも植付け面積の増加に最も寄与した福島県の「財産区」では、主伐・再造林のサイクルが生じていると断じることはできない。しかし、全体的には植付け面積と主伐面積が、保有構成において分収造林が多く設定されている「非法人」、「生産森林組合」、「財産区」、「各種団体」において増えているのは事実であり、これらを結びつけて考えることには意味があるように思われる。そして、それはかつて「慣行共有」に区分されていた共的保有林で起きている可能性がある。

４．２．自ら実施した素材生産量

最後に、保有山林で自ら実施した素材生産量について見る。表４－12 はその集計結果を示したものである。全体的には生産量は 2,713 千 m^3 から 3,431 千 m^3 へ約 717 千 m^3（25%）増加している。

共的保有林が多く含まれる経営形態について見ると「財産区」で約６倍、「その他法人」で 1.6 倍と大きく伸びている一方、「生産森林組合」では 70% も減少している。「非法人」は２%の増加にとどまり、「各種団体」は 27% も減少している。このように「財産区」で大きく伸びている一方、最も自営志向が強いはずの「生産森林組合」で減少していることが分かる。

ただ、この集計結果の解釈には注意が必要であるように思われる。例えば、地方公共団体が 358 千 m^3 もの素材生産を自ら行っているとは信じがた

表４－12　過去１年間に自ら実施した素材生産量

経営形態	経営体	05 年 素材生産量 (m^3)	10 年 素材生産量 (m^3)	変化量 (m^3)	変化率 (%)
家族	92,832	1,416,161	1,931,835	515,674	36
非法人	4,056	107,358	109,475	2,117	2
会社	1,041	833,852	631,848	-202,004	-24
森林組合	385	139,654	129,919	-9,735	-7
生産森林組合	898	54,570	16,290	-38,280	-70
各種団体	104	15,117	11,044	-4,073	-27
財産区	597	18,898	136,706	117,808	623
その他法人	711	24,773	63,618	38,845	157
地方公共団体	443	109,189	358,024	248,835	228
合計	101,067	2,719,572	3,388,759	669,187	25

い。自ら素材生産を行うとは、つまり直営生産のことを意味するが、国有林野事業で直営班が整理され、請負化されてきたような流れがあるなかで、地方公共団体がそれに逆行する方向で進んでいるとは解釈しがたい。ここで計上されている数量には、相当量の請け負わせ生産分がかなり含まれているのではないかと考えられる。そのような請け負わせ分を正確に割り引くことはできないが、ただ、「財産区」や「地方公共団体」で一部請け負わせ分を含めて素材生産量が大幅に増えているのは事実であろう。一方、保有状況が財産区と似ている「生産森林組合」では、それとは対照的に素材生産量が減少している。

5．おわりに

以上のように、本章では、センサスのミクロデータを利用して、05年以降区分が廃止されてしまった「慣行共有」という区分で捉えられていた共的保有林の経営動向を分析することを試みた。その結果として次の4点を指摘したい。

第1に、「生産森林組合」や「財産区」のような法律によって根拠を与えられた経営体については、ミクロデータの名称に含まれる文字列をうまく抽出することで、05年時における「森林組合」や「地方公共団体・財産区」という区分の中から一定の精度で分離することができる。ただし、同じような方法をかつての「慣行共有」が多く含まれているであろう「非法人」や「各種団体」、「その他法人」についても実施することは困難であった。「慣行共有」を抽出するためには、2000年センサスとコード接続するのが最も確実な方法だろうが、それにはデータの開示形態にさまざまな制約がつく[8)]。05年以降のセンサス・ミクロデータだけで共的保有林を特定するのには限界がある。

第2に、共的保有林のようにかつて入会林野近代化法で個人分割や法人化が促されたような未整備入会林野に関しては、法人化の有無を判定基準とする05年以降の新しい区分法のもとで経営体の分類作業が混乱している可能性がある。05年と10年で接続できた経営体の経営形態についてみたところ、かつて「慣行共有」が多く含まれると考えられる「非法人」、「生産森林組合」、「各種団体」、「財産区」、「その他法人」の間で経営形態の異動が実態以上に生じているのが認められた。これは、まさに権利関係や組織形態の不安定な入会林野ならではの問題であり、それがセンサス上にも反映されてしまっているかたちである。

第３に、「生産森林組合」と「財産区」はどちらも「慣行共有」の割合が高いことや平均保有面積や貸付率等が似ていることで、類似性の高い経営形態ということができるが、主伐や素材生産活動に関しては明暗が分かれている。「生産森林組合」では下刈り、間伐に関しては比較的活性が高いが、主伐に関しては活性が低く、自ら実施した素材生産量も減少している。それに対して「財産区」では下刈りを除いて林業作業が活性化し、素材生産量も大幅に伸ばしている。両者の間にこのような違いが生まれる原因までは今回の分析で特定することはできなかったが、その組織形態の違いに起因している可能性はあり、今後さらなる研究が求められる。

第４に、05年以降の「非法人」については、法人化の定義に忠実であるならば00年センサス時の「ムラ・旧市区町村」や「各種団体・組合」、「共同」などの「慣行共有」の中核をなしていた経営体がここに多く移行していると推察されるが、林業作業の活性は低いままの状態で推移している。しかし、作業面積で見ると、主伐と植付けで増加しており、一部の経営体で活性が高まっている可能性がある。

最後に繰り返すと、共的保有林は、センサス上では「慣行共有」の廃止に伴って不可視化したが、確かに今も存在し、まとまった面積の経営体として地域林業のなかで一定のプレゼンスを有している。今回の分析では、「慣行共有」が多く含まれているであろうカテゴリーを抽出し、そのように設定した区分にもとづいて集計した結果を05年・10年の２時点間で比較検討したが、ミクロデータの情報量を汲み尽くしたとは言い難く、今後さらに分析手法を工夫する余地がある。

ただ、センサスの分析だけで共的保有林の動向をつかむには限界がある。さらに分析を深めていくためには、センサス以外の統計との接合を試みたり、あるいは事例研究と連携させたりすることが重要である。

注

1）武井正臣、黒木三郎、熊谷開作、中尾英俊（1989）『林野入会権―その整備と課題』、pp.317、一粒社

2）例えば、大地（2012）入会林野の集約化施業への移行実態―天草市新和地区の事例、『九州森林研究』、No.65、pp.5-9、佐藤（2015）入会林野における森林経営計画の策定実態―大分県佐伯地区を事例に、『九州森林研究』、No.68、pp.1-5

3）2000年世界農林業センサス用語解説より。例えば、https://www.pref.chiba.lg.jp/toukei/toukeidata/nouringyou/2000-sekai/2000-oomune-ri.html#2（2016年8月1日取得）

4）半田良一（2001）生産森林組合と入会林野の50年史、『林業経済』、54(11)、pp.1-13

5）泉留維、斎藤暖生、山下詠子、浅井美香（2008）『財産区悉皆調査報告書』、pp.138、和光印刷

6）2005年農林業センサス用語解説。http://www.maff.go.jp/j/study/census/2015/1/pdf/sankou5.pdf（2016年8月1日取得）

7）餅田治之編著（2002）『日本林業の構造的変化と再編過程―2000年林業センサス分析』、pp.237、農林統計協会

8）松下幸司、高橋卓也、青嶋敏、吉田嘉雄、仙田徹志（2015）農林業センサスによる慣行共有林野の統計的把握に関する一考察、第126回日本森林学会大会発表要旨集

第5章

社有林の経営動向

大塚生美

1．はじめに

今日、わが国林業は、長引く木材価格の低迷を背景に、森林所有者の経営意欲が減退する中、素材生産業・原木市場・木材加工業などの原木を必要とする経営体の一部には、事業規模を拡大するとともに、事業内容を高度化・多様化させ、立木の購入のみならず、林地を積極的に購入し、育林経営に参入する例も見られる[1)]。また、林地の購入まではしないまでも、規模のメリットを生かし、30 年といった長期施業受委託、いわば信託的な管理受託も展開している[2)]。こうした育林経営が再編される兆しがあるのかどうかをセンサスから捉えようと試みたのが本章の背景である。だが、そうした動きがある中、会社に区分される保有経営体数は 2005 年には 2,012 経営体であったのが 2010 年には 1,557 経営体に、過去 1 年間に自ら実施した素材生産量は 2005 年の 108 万 1,512m^3 から 2010 年は 97 万 5,241m^3 にいずれも大幅に減少した。他方、保有山林面積を見ると、80 万 9,063ha から 81 万 8,251ha と増加しているのである。そこで、本章では、素材生産事業体、林産加工工場、素材流通事業体といったセンサスでは会社に区分される経営体の中でも保有のある経営体を対象とし、2005 年および 2010 年農林業センサスの個票を用い、林業経営行動を捉えることとした。

さて、農林業センサスは 2005 年調査から大きくその体系を変えたことで、林業経営行動の多くの特徴を知る術を失った[3)]。一方、2005 年および 2010 年の個票データを用いることで接合がしやすくなり比較しやすくなった項目もある。本章の構成は、まず、2005 年と 2010 年の経営形態別規模別の保有構造と林業生産活動の変化を確認する。次に、2005 年と 2010 年のパネルデータの接合によって可能となった会社組織における「参入」「継続」「退出」経営体の林業経営行動の特徴や地域性の特徴を整理した上で、まとめとする。

なお、本章で用いる用語は、所有形態区分では、①「家族有林」は、家族経営体のうち保有のある経営体、②「社有林」は、家族経営体を除く会社

（株式会社、有限会社、合名・合資会社、相互会社）のうち保有のある経営体、③「公共有林」は、自治体、財産区、生産森林組合、各種団体、その他のうち保有のある経営体、④「組合有林」は森林組合のうち保有のある経営体、になる。「組合有林」による保有はわずかであるが、2016年5月24日に閣議決定された新たな森林・林業基本計画において、都道府県森林組合連合会を含む森林組合系統の森林保有条件が拡充されたことから、今後の比較検討に向け区分し、分析に加えた。また、パネルデータの接合によって抽出された保有のある経営体の区分として、①「継続」は、2005年、2010年とも調査対象となった経営体、②「退出」は、2005年では調査対象であったが2010年では非対象であった経営体、③「参入」は、2005年では調査対象でなかったが2010年では調査対象となった経営体を示す。

2．2005年、2010年の林業経営行動の特徴

2．1．2005年、2010年の林業経営行動の指標

表5－1に経営形態別に保有のある経営体の林業経営行動の指標となる数

表5－1　2005年、2010年の林業経営行動と変化

	保有階層	家族有林		社有林		公共有林		組合有林	
		経営体	面積（量）	経営体	面積（量）	経営体	面積（量）	経営体	面積（量）
保有(ha)	2005	176,687	2,289,959	2,012	809,063	18,032	2,609,368	457	78,922
	2010	124,041	1,770,958	1,557	818,251	11,517	2,492,205	429	94,388
	2010/2005	0.70	0.77	0.77	1.01	0.64	0.96	0.94	1.20
所有(ha)	2005	176,474	2,335,104	1,977	761,460	16,925	2,479,067	359	51,908
	2010	123,893	1,797,481	1,523	781,018	10,919	2,318,523	365	65,666
	2010/2005	0.70	0.77	0.77	1.03	0.65	0.94	1.02	1.27
素材生産(m^3)	2005	9,117	1,998,927	415	1,081,512	884	613,529	90	176,884
	2010	9,030	2,447,146	424	975,241	930	1,064,700	86	149,776
	2010/2005	0.99	1.22	1.02	0.90	1.05	1.74	0.96	0.85
植林(ha)	2005	14,993	14,485	344	4,227	1,099	4,998	62	546
	2010	10,901	10,723	282	2,826	882	7,241	83	845
	2010/2005	0.73	0.74	0.82	0.67	0.80	1.45	1.34	1.55
主伐(ha)	2005	4,302	6,474	252	4,360	479	4,267	30	201
	2010	3,425	5,577	248	3,776	411	3,169	42	397
	2010/2005	0.80	0.86	0.98	0.87	0.86	0.74	1.40	1.98

値を示した。まず、会社に区分される経営体は2005年と2010年ではおよそ25％減と、調査対象が大幅に減少した。だが、保有のある経営体のみを抽出すると、面積では保有、所有ともわずかではあるが増加したことが注目される。他に、保有、所有面積が増加したのは組合有林のみで、家族有林、公共有林とも減少となった。素材生産活動では、増加したのは家族有林ならびに公共有林で、家族有林でおよそ３割、公共有林でおよそ４割の増加となった。対して、社有林の素材生産量は１割減、組合有林では15％減となった。主伐を見ると、組合有林では、経営体がおよそ４割増、主伐面積に至ってはおよそ２倍に増加した。同じく公共有林の主伐は、経営体はおよそ３割の減少となったが、主伐面積は２倍以上に増加するという勢いであった。家族有林、社有林の主伐、植林はともに経営体ならびに面積とも減少した。公共有林の植林面積は減少したが、植林を行った経営体はおよそ２倍に増加、組合有林の植林は、経営体、植林面積とも増加となった。

以上から、４つの経営形態別に林業経営行動の特徴をまとめると、①家族有林は、素材生産活動が活発化したが、保有、所有、植林、主伐面積とも減少したこと、②社有林では保有、所有面積とも増加したが林業生産活動は低位であったこと、③公共有林では、保有面積、所有面積とも減少し、さらに主伐面積も減少する中、素材生産量を伸ばし、植林をする経営体が増えたこと、④組合有林は、保有面積の拡大とともに、主伐・植林面積も増加したが、素材生産活動が減少したことをあげることができる。

２．２．経営形態別保有規模階層別１経営体当たりの特徴

前項で、社有林は経営体を減らしたが、保有・所有面積を増やしたことを確認した。それは １経営体当たり平均の保有・所有面積が増えたことを意味する。そこで、次に、前項で指標とした経営形態別の林業経営行動について、保有規模階層別に１経営体当たりの動向を見ていく。

まず、表５－２に保有面積を示した。2005年と2010年を比較すると、４

つの経営形態のいずれも１経営体当たりの面積が増加したことが注目される。保有面積を増加させた規模階層は、家族有林では、100ha 未満層と1,000ha 以上層、社有林では 20ha 未満層と 3,000ha 以上層、公共有林では、500ha 未満層と 1,000ha 以上 3,000ha 未満層、組合有林では 100ha 未満層と1,000ha 以上層になる。中でも、社有林の 3,000ha 以上層が 36 ポイントの増加、組合有林の 3,000ha 以上層に至っては 59 ポイント増加したことが目を引く。

保有面積は、いうまでもなく「所有面積＋借入面積－貸出面積」である。

表５－２　経営形態別保有階層別１経営体当たりの保有面積とその変化（2005/2010）

（単位：ha）

	保有階層	家族有林	社有林	公共有林	組合有林
2005	3 ～ 20ha 未満	7	9	8	10
	20 ～ 100ha	34	46	45	42
	100 ～ 500ha	172	225	216	248
	500 ～ 1,000ha	684	699	708	678
	1,000 ～ 3,000ha	1,430	1,638	1,598	1,581
	3,000ha 以上	3,463	11,792	12,992	5,885
	総平均	13.0	402.1	144.7	172.7
2010	3 ～ 20ha 未満	7	9	8	10
	20 ～ 100ha	35	44	46	44
	100 ～ 500ha	169	220	218	234
	500 ～ 1,000ha	680	701	697	627
	1,000 ～ 3,000ha	1,547	1,577	1,693	1,756
	3,000ha 以上	4,441	16,065	11,321	9,362
	総平均	14.3	525.5	216.4	220.0
2010/2005	3 ～ 20ha 未満	1.04	1.02	1.03	1.01
	20 ～ 100ha	1.01	0.95	1.02	1.03
	100 ～ 500ha	0.98	0.98	1.01	0.95
	500 ～ 1,000ha	0.99	1.00	0.98	0.93
	1,000 ～ 3,000ha	1.08	0.96	1.06	1.11
	3,000ha 以上	1.28	1.36	0.87	1.59
	総平均	1.10	1.31	1.50	1.27

表５－３の所有面積の変化に見てとれるように、2010年の保有面積の増加は、１経営体当たりの所有面積の拡大にあったことが分かる。2005年と2010年の経営形態別所有面積の総平均を見ると、家族有林が2005年は13haであったのが2010年は15haに、社有林が2005年は385haであったのが2010年は513haに、公共有林は2005年は145haであったのが2010年は216haに、組合有林が2005年は172haであったのが2010年は220haにいずれも拡大した。

次に、表５－４、表５－５、表５－６では、それぞれ植林、主伐、素材生

表５－３　経営形態別保有階層別１経営体当たりの所有面積とその変化（2005/2010）

（単位：ha）

	保有階層	家族有林	社有林	公共有林	組合有林
2005	3～20ha未満	7	9	9	10
	20～100ha	35	48	54	31
	100～500ha	178	230	252	179
	500～1,000ha	711	690	823	412
	1,000～3,000ha	1,471	1,626	1,689	860
	3,000ha以上	3,463	10,777	11,522	6,238
	総平均	13.2	385.2	146.5	144.6
2010	3～20ha未満	7	9	9	8
	20～100ha	35	45	52	37
	100～500ha	173	224	248	143
	500～1,000ha	723	733	822	390
	1,000～3,000ha	1,557	1,536	1,805	1,135
	3,000ha以上	4,441	15,563	10,235	10,621
	総平均	14.5	512.8	212.3	179.9
2010/2005	3～20ha未満	1.03	1.02	1.02	0.82
	20～100ha	1.00	0.95	0.97	1.18
	100～500ha	0.97	0.97	0.98	0.80
	500～1,000ha	1.02	1.06	1.00	0.95
	1,000～3,000ha	1.06	0.94	1.07	1.32
	3,000ha以上	1.28	1.44	0.89	1.70
	総平均	1.10	1.33	1.45	1.24

産を指標として林業生産活動を見ていく。まず、植林活動を拡大させた保有規模階層は、家族有林では20ha未満層と1,000ha以上3,000ha未満層、社有林では20ha未満層と500ha以上1,000ha未満層、公共有林では20ha以上100ha未満層を除く全層、組合有林では1,000ha未満の全層であった。植林活動は、保有・所有面積を拡大させた層と必ずしも一致しない。主伐に移れば、拡大した保有規模階層は、家族有林では500ha未満層、社有林では100ha未満層と3,000ha以上層、公共有林では100ha未満層と500ha以上

表5－4　経営形態別保有階層別１経営体当たりの植林活動とその変化（2005/2010）

（単位：ha）

	保有階層	家族有林	社有林	公共有林	組合有林
2005	3～20ha未満	1	2	1	1
	20～100ha	2	5	3	5
	100～500ha	5	9	4	10
	500～1,000ha	9	9	6	11
	1,000～3,000ha	11	18	13	21
	3,000ha以上	－	75	25	15
	総平均	1.0	12.3	4.6	8.8
2010	3～20ha未満	1	2	2	2
	20～100ha	2	5	3	6
	100～500ha	5	8	7	15
	500～1,000ha	6	11	18	16
	1,000～3,000ha	13	14	21	20
	3,000ha以上	－	46	29	11
	総平均	1.0	10.0	8.2	10.2
2010/2005	3～20ha未満	1.02	1.01	1.27	1.69
	20～100ha	0.98	0.92	0.93	1.09
	100～500ha	0.98	0.93	1.85	1.53
	500～1,000ha	0.74	1.18	3.06	1.36
	1,000～3,000ha	1.26	0.78	1.63	0.95
	3,000ha以上	－	0.61	1.16	0.73
	総平均	1.02	0.82	1.81	1.16

注）－印は該当がない場合を示す。

1,000ha 未満層、組合有林では 20ha 以上 100ha 未満層を除く全層になり、保有・所有面積を拡大させた規模階層と概ね重なる傾向にある。最後に、素材生産活動では、素材生産量を増加させたのは、家族有林では 100ha 未満層、社有林では 100ha 未満層と 500ha 以上 1,000ha 未満層、公共有林では全層、組合有林も 20ha 以上 100ha 未満層と 3,000ha 以上層を除く全層になる。素材生産活動は、公共有林、組合有林のほぼ全層で増加したことが特徴である。

表５－５　経営形態別保有階層別１経営体当たりの主伐とその変化

（単位：ha）

	保有階層	家族有林	社有林	公共有林	組合有林
2005	3 ～ 20ha 未満	1	3	2	1
	20 ～ 100ha	2	6	3	4
	100 ～ 500ha	4	15	7	8
	500 ～ 1,000ha	14	15	7	24
	1,000 ～ 3,000ha	18	46	8	8
	3,000ha 以上	－	60	75	8
	総平均	1.5	17 .3	8.9	6.7
2010	3 ～ 20ha 未満	1	4	4	2
	20 ～ 100ha	2	7	6	3
	100 ～ 500ha	5	13	6	8
	500 ～ 1,000ha	7	12	10	43
	1,000 ～ 3,000ha	16	18	7	15
	3,000ha 以上	－	88	28	2
	総平均	1.6	15.2	7.7	9.5
2010/2005	3 ～ 20ha 未満	1.18	1.37	1.47	2.05
	20 ～ 100ha	1.12	1.19	1.66	0.85
	100 ～ 500ha	1.19	0.86	0.85	1.05
	500 ～ 1,000ha	0.52	0.79	1.38	1.81
	1,000 ～ 3,000ha	0.90	0.40	0.92	1.83
	3,000ha 以上	－	1.47	0.38	0.27
	総平均	1.08	0.88	0.87	1.41

注）－印は該当がない場合を示す。

以上から、４つの経営形態別に１経営体当たりの林業経営行動の特徴をまとめると、①家族有林は、保有・所有面積とも増加させ、素材生産活動は活発化したが、主伐、植林活動は微増にとどまった。②社有林では、保有・所有面積とも 2005 年に比べて 2010 年は３割以上も増加、特に、3,000ha 以上層の増加が顕著であった。一方で、社有林の林業生産活動は、主伐、植林活動ともマイナスとなり、素材生産活動も微増にとどまった。③公共有林は、保有、所有面積を増加させ、植林活動や素材生産活動も飛躍的に増加した一

表５－６　経営形態別保有階層別１経営体当たりの素材生産とその変化（2005/2010）

（単位：m^3）

	保有階層	家族有林	社有林	公共有林	組合有林
2005	3 ～ 20ha 未満	6	99	15	186
	20 ～ 100ha	31	285	25	560
	100 ～ 500ha	183	727	75	284
	500 ～ 1,000ha	458	795	183	1,332
	1,000 ～ 3,000ha	436	2,030	251	157
	3,000ha 以上	－	8,213	643	1,616
	総平均	11.3	537.5	34.0	387.1
2010	3 ～ 20ha 未満	13	212	27	215
	20 ～ 100ha	43	409	59	294
	100 ～ 500ha	181	584	112	336
	500 ～ 1,000ha	274	1,823	434	1,332
	1,000 ～ 3,000ha	290	1,293	515	1,339
	3,000ha 以上	－	6,979	2,403	1,997
	総平均	19.7	626.4	92.5	349.1
2010/2005	3 ～ 20ha 未満	2.23	2.15	1.73	1.16
	20 ～ 100ha	1.38	1.44	2.36	0.83
	100 ～ 500ha	0.99	0.80	1.50	1.18
	500 ～ 1,000ha	0.60	2.29	2.38	1.00
	1,000 ～ 3,000ha	0.67	0.64	2.05	8.54
	3,000ha 以上	－	0.85	3.74	1.24
	総平均	1.74	1.17	2.72	0.90

注）－印は該当がない場合を示す。

方で、主伐が減少した。④組合有林は、保有・所有面積を拡大させ、主伐・植林活動も活発化し、とりわけ主伐を40ポイント増加させた一方で、素材生産量が減少したことが注目される。

社有林の１経営体当たりの林業経営行動をまとめると、保有・所有面積はプラスになった一方で、主伐・植林活動がマイナスとなり、素材生産活動も増加したとはいえ家族有林、公共有林に比べて大きな増加に至っていない。こうした要因について、2005年、2010年の比較のみでは明らかにすることができない。とはいえ、社有林の１経営体当たりの林業経営行動を示す作業種では、植林は組合有林と拮抗するものの主伐、素材生産量は社有林が最大値を示し、他の経営形態に比べて林業生産活動量が大きい。そうしたことを鑑みると、保有の増加に対する林業生産活動の停滞といったねじれの構造は、今後も注意深く観察していく必要がある。

３．社有林の経営行動

３．１．社有林の保有構造

表５－７は、社有林の保有構造を示したものである。経営体は、保有、所有、借入、貸出のすべてにおいて、2005年に比べて2010年は大幅に減少した。一方で、面積に関しては、借入以外の保有、所有、貸出のすべてが拡大した。特に、3,000ha以上層のうち保有のある経営体において保有面積や所有面積が大幅に拡大する中、500ha以上の大規模層において貸出の増加傾向が見られたことが特徴である。

３．２．社有林の「退出」「継続」「参入」別林業経営行動

表５－８は、社有林の「退出」「継続」「参入」における規模階層別林業経営行動を示したものである。特徴的なこととして、まず、１経営体当たりの平均活動を見ると、総じて「退出」した経営体は「継続」した経営体よりも活動量が小さいこと、その「継続」経営体は2005年時の活動量より2010年

時の活動量が小さいこと、「参入」した経営体は2005年時の「継続」経営体の活動量までには至らないが、2010年時の「継続」経営体よりも活動がやや大きい傾向があることが指摘できる。

規模階層別の特徴では、「参入」した経営体の1経営体当たりの平均保有面積は、500ha未満層で「退出」「継続」より小さく、逆に500ha以上層では大きくなっている。「参入」した経営体において、目立って大きな動きは、3,000ha以上層の1経営体当たりの平均保有面積や間伐作業が「退出」「継続」のおよそ2倍から3倍になっていること、素材生産量では、2010年時の「継続」経営体の5倍近くになっていることである。

ところで、先に、社有林の素材生産量が減少したことにふれたが、2010年時の「継続」経営体における1経営体当たりの平均素材生産量は610m^3、

表5－7　社有林の規模別保有構造（2005/2010）

（単位：経営体、ha）

	保有面積階層	保有			所有			借入			貸出		
		経営体	面積	平均	経営体	面積	平均	経営体	面積	平均	経営体	面積	平均
2005	3～20ha未満	885	7,645	9	866	7,630	9	48	252	5	16	237	15
	20～100ha	582	26,811	46	572	27,278	48	45	957	21	26	1,424	55
	100～500ha	359	80,647	225	354	81,364	230	42	4,562	109	37	5,279	143
	500～1,000ha	72	50,296	699	72	49,672	690	13	2,491	192	10	1,867	187
	1,000～3,000ha	69	113,037	1,638	68	110,551	1,626	8	6,790	849	11	4,305	391
	3,000ha以上	45	530,627	11,792	45	484,964	10,777	19	64,843	3,413	9	19,181	2,131
	計	2,012	809,063	402	1,977	761,460	385	175	79,896	457	109	32,293	296
2010	3～20ha未満	585	5,166	9	571	5,148	9	29	167	6	8	149	19
	20～100ha	470	20,620	44	461	20,957	45	38	812	21	18	1,149	64
	100～500ha	324	71,266	220	317	70,986	224	27	2,759	102	22	2,480	113
	500～1,000ha	76	53,267	701	75	54,977	733	11	3,279	298	10	4,989	499
	1,000～3,000ha	67	105,643	1,577	65	99,809	1,536	13	9,954	766	8	4,119	515
	3,000ha以上	35	562,289	16,065	34	529,141	15,563	14	58,436	4,174	10	25,288	2,529
	計	1,557	818,251	526	1,523	781,018	513	132	75,407	571	76	38,174	502
2010/2005	3～20ha未満	0.66	0.68	1.02	0.66	0.67	1.02	0.60	0.66	1.10	0.50	0.63	1.26
	20～100ha	0.81	0.77	0.95	0.81	0.77	0.95	0.84	0.85	1.00	0.69	0.81	1.17
	100～500ha	0.90	0.88	0.98	0.90	0.87	0.97	0.64	0.60	0.94	0.59	0.47	0.79
	500～1,000ha	1.06	1.06	1.00	1.04	1.11	1.06	0.85	1.32	1.56	1.00	2.67	2.67
	1,000～3,000ha	0.97	0.93	0.96	0.96	0.90	0.94	1.63	1.47	0.90	0.73	0.96	1.32
	3,000ha以上	0.78	1.06	1.36	0.76	1.09	1.44	0.74	0.90	1.22	1.11	1.32	1.19
	計	0.77	1.01	1.31	0.77	1.03	1.33	0.75	0.94	1.25	0.70	1.18	1.70

表５－８　社有林の「退出」「継続」「参入」別規模階層別林業経営行動

（単位：経営体、ha、m³）

		経営体数				面積・量				面積・量／保有経営体数			
		2005		2010		2005		2010		2005		2010	
		退出	継続	継続	参入	退出	継続	継続	参入	退出	継続	継続	参入
保有面積	3～20ha 未満	479	406	430	155	3,976	3,670	3,931	1,235	8.3	9.0	9.0	8.0
	20～100ha	286	296	355	115	13,222	13,589	15,945	4,675	46.2	45.9	44.9	40.7
	100～500ha	130	229	254	70	27,917	52,730	57,288	13,978	214.7	230.3	225.5	199.7
	500～1,000ha	17	55	59	17	11,990	38,306	41,051	12,216	705.3	696.5	695.8	718.6
	1,000～3,000ha	25	44	55	12	42,690	70,347	86,108	19,535	1,707.6	1,598.8	1,565.6	1,628.0
	3,000ha 以上	16	29	28	7	171,005	359,622	363,551	198,738	10,687.8	12,400.8	12,984.0	28,391.1
	計	953	1,059	1,181	376	270,799	538,264	567,873	250,378	284.2	508.3	480.8	665.9
植林面積	3～20ha 未満	26	43	32	13	50	117	82	28	0.1	0.3	0.2	0.2
	20～100ha	27	57	65	19	134	277	277	103	0.5	0.9	0.8	0.9
	100～500ha	30	68	58	10	281	569	450	97	2.2	2.5	1.8	1.4
	500～1,000ha	10	23	24	5	119	180	142	169	7.0	3.3	2.4	9.9
	1,000～3,000ha	10	25	30	4	90	533	419	51	3.6	12.1	7.6	4.3
	3,000ha 以上	6	19	16	6	352	1,525	660	348	22.0	52.6	23.6	49.7
	計	109	235	225	57	1,026	3,201	2,031	795	1.1	3.0	1.7	2.1
下刈り面積	3～20ha 未満	146	136	120	54	385	479	416	161	0.8	1.2	1.0	1.0
	20～100ha	105	137	146	46	852	1,091	1,303	327	3.0	3.7	3.7	2.8
	100～500ha	58	139	131	29	1,665	2,884	2,277	720	12.8	12.6	9.0	10.3
	500～1,000ha	15	41	39	9	1,090	2,475	1,305	584	64.1	45.0	22.1	34.4
	1,000～3,000ha	16	35	42	6	584	3,561	2,232	395	23.4	80.9	40.6	32.9
	3,000ha 以上	13	24	25	7	5,117	16,189	7,839	3,016	319.8	558.2	280.0	430.9
	計	353	512	503	151	9,693	26,679	15,373	5,202	10.2	25.2	13.0	13.8
間伐面積	3～20ha 未満	141	127	122	48	421	381	402	132	0.9	0.9	0.9	0.9
	20～100ha	117	141	156	44	1,077	1,251	1,473	370	3.8	4.2	4.1	3.2
	100～500ha	56	155	154	43	1,037	4,245	2,599	744	8.0	18.5	10.2	10.6
	500～1,000ha	16	44	49	9	998	2,370	1,725	581	58.7	43.1	29.2	34.2
	1,000～3,000ha	18	40	47	7	374	3,312	1,930	512	15.0	75.3	35.1	42.7
	3,000ha 以上	11	23	24	7	3,899	7,115	6,010	5,300	243.7	245.3	214.6	757.2
	計	359	530	552	158	7,807	18,674	14,138	7,640	8.2	17.6	12.0	20.3
主伐面積	3～20ha 未満	29	24	43	9	74	72	152	44	0.2	0.2	0.4	0.3
	20～100ha	24	38	50	16	105	245	349	94	0.4	0.8	1.0	0.8
	100～500ha	21	47	50	11	277	737	639	144	2.1	3.2	2.5	2.1
	500～1,000ha	6	13	21	5	170	111	184	119	10.0	2.0	3.1	7.0
	1,000～3,000ha	10	20	21	4	140	1,231	335	127	5.6	28.0	6.1	10.6
	3,000ha 以上	6	14	12	6	838	361	1,125	463	52.4	12.4	40.2	66.2
	計	96	156	197	51	1,603	2,757	2,784	992	1.7	2.6	2.4	2.6
素材生産量	3～20ha 未満	44	51	66	16	35,898	51,638	107,255	16,884	74.9	127.2	249.4	108.9
	20～100ha	36	73	95	22	24,611	141,450	156,353	36,100	86.1	477.9	440.4	313.9
	100～500ha	27	85	96	26	58,338	202,605	156,175	33,031	448.8	884.7	614.9	471.9
	500～1,000ha	7	30	37	7	14,109	43,160	110,749	27,820	829.9	784.7	1,877.1	1,636.5
	1,000～3,000ha	13	26	30	5	28,505	111,594	77,040	9,565	1,140.2	2,536.2	1,400.7	797.1
	3,000ha 以上	6	17	19	5	69,492	300,112	113,697	130,572	4,343.3	10,348.7	4,060.6	18,653.1
	計	133	282	343	81	230,953	850,559	721,269	253,972	242.3	803.2	610.7	675.5

これに対して「参入」した経営体の1経営体当たりの平均素材生産量は675m^3と1割程の増加となった。中でも1経営体当たりの平均素材生産量の大幅な増加は、3,000ha以上層の特徴であった。

3.3.「継続」経営体における保有の変化（増加・減少・変化なし）別特徴

ここでは、さらに「継続」経営体の特徴を捉えるため、表5－9では、「継続」経営体を個票で接合させた上で2005時と2010年時を比較し、2010年時保有面積を増加させた経営体と減少させた経営体に分けて林業経営行動を整理した。2010年時に会社に区分され保有面積を増加させた経営体は6割、減少させた経営体は4割といったように、「継続」経営体の中でも、大きな動きがあったことが分かる。保有面積を増加させた経営体は、所有ならびに借入れを拡大させたこと、一方で減少させた経営体は、所有そのものも減少させた上、貸出も増加させたことが特徴であった。保有面積そのものに

表5－9　社有林「継続」経営体における保有の変化（増加・減少・変化なし）別特徴

（単位：経営体、ha、m^3）

保有面積増減		保有		所有		借入		貸出	
		経営体	面積	経営体	面積	経営体	面積	経営体	面積
継続	増加	384	75,509	376	63,048	69	11,543	34	-919
	減少	273	-62,784	267	-49,098	45	-6,717	42	6,969
	変化なし	436	0	36	7,389	30	-7,766	9	-377

保有面積増減		植林		下刈り		間伐		主伐		素材生産	
		経営体	面積	経営体	面積	経営体	面積	経営体	面積	経営体	生産量
継続	増加	131	-1,088	243	-6,443	261	-2,165	112	-806	169	41,106
	減少	93	-211	167	-506	184	-2,837	73	680	102	-315,661
	変化なし	102	-198	232	-5,660	241	-694	80	71	136	75,547

保有面積増減		林産物販売金額		収入が最も多い事業					
				林業	建設業	木材・木製品製造業（家具を除く）	パルプ・紙・紙加工品製造業	その他	2005非会社
		経営体	金額	経営体	経営体	経営体	経営体	経営体	経営体
継続	増加	383	-551,051	108	42	51	3	125	55
	減少	271	-653,858	59	32	39	8	90	45
	変化なし	432	-337,173	91	54	46	3	176	66

変化がなかった層も、所有の増加、借入の減少、貸出の減少など、保有内訳には大きな動きがあった。次に、林業生産活動を見てみると、保有面積を増加させた経営体層は、素材生産は拡大したものの、それ以外の林業生産活動はすべて縮小した。また、保有面積を減少させた経営体は、主伐面積を拡大させたが、素材生産量は大幅な減少となった。保有面積を減少させた経営体と、変化がなかった経営体は同じ傾向を示した。このように、社有林の内実を見ると、林業経営行動は１つの方向を示していないことが分かる。

そこで、林業生産活動以外の指標として、林産物販売金額、主業について確認する。まず、林産物販売金額は、保有面積の増加、減少、変化なしのすべてにおいて大幅な減少になった。なお、2010 年の林産物販売金額は、金額階層の区間中央値を用いたため上方バイアスが生じている。編著者の田村の計算では、区間中央値を用いた場合、バイアスの大きな層で１割から２割程度過大になることが指摘されていることをお断りしておきたい。2010 年時の金額は上方バイアスにもかかわらず大幅減となったことは注視すべきである。

次に、主業について、収入が最も多い事業が 2010 年の調査項目からなくなってしまったため、2005 年調査時のデータに依拠すると、収入が最も多い事業分類におけるその他を除くと、保有面積の増加ならびに減少に属する経営体では、林業、木材・木製品製造業（家具を除く）、建設業の順位になる。変化なしでは、林業、建設業、木材・木製品製造業（家具を除く）の順位であった。注視すべきは、保有面積を減少させた主業の中で、経営体数は少ないものの、パルプ・紙・紙加工品製造業の減少割合が大きいことである。また、収入が最も多い事業として、その他に区分される経営体が 36％を占めており、林業、林産加工業を合わせた 37％と拮抗するほど非常に多い割合を占めていたことである。2010 年センサスより収入が最も多い事業の調査項目がなくなったが、社有林経営の担い手となる主体の属性は、林業構造を規定し林業経営行動を捉える重要なファクターであるため、主業に関する調査項目の復活ならびにその他区分の細目の検討が望まれる。

3．4．社有林「継続」経営体における保有規模階層の移動

「継続」経営体の中でも、保有そのものにも大きな動きがあったことは、前項で述べたとおりである。そこで、ここではさらに、2005年と2010年を比較して保有規模が拡大した層を対象として、どの保有規模階層に移動したか、その動きを表5－10の社有林「継続」経営体における保有規模階層の移動で確認したい。まず、経営体はどの規模階層も同じ階層に移動する割合が大きく、6割以上が同一の規模階層にとどまっている。他方、経営体数は少ないが3ha以上20ha未満層が1,000ha以上3,000ha未満層に、20ha以上100ha未満、100ha以上500ha未満、1,000 ha以上3,000ha未満層では3,000ha以上層まで大規模に保有面積を拡大している様子が分かる。このように中小規模の経営体が、1,000ha、3,000haという規模に保有階層を上昇させた要因について、90年代の森林所有者の窮迫販売による素材生産業者の

表5－10　社有林「継続」経営体における保有規模階層の移動（2005/2010 増加のみ）

（単位：経営体、ha、%）

2010 保有階層 / 2005 保有階層	3～20ha未満		20～100ha		100～500ha		500～1,000ha		1,000～3,000ha		3,000ha以上		計	
	経営体	増加分	経営体	増加分	経営体	増加分	経営体	増加分	経営体	増加分	経営体	増加分	経営体	増加分
3～20ha未満	85	238	48	1,051	12	2,092	1	940	2	3,827	－	－	148	8,147
割合	57.4	2.9	32 .4	12.9	8.1	25.7	0.71	11.5	1.4	47.0	－	－	100.0	100.0
20～100ha	－	－	71	878	33	4,149	－	－	1	1,548	1	3,263	106	9,838
割合	－	－	67.0	8.9	31.1	42.2	－	－	0.9	15.7	0.9	33.2	100.0	100.0
100～500ha	－	－	－	－	61	2,936	11	3,161	3	2,461	1	3,720	76	12,278
割合	－	－	－	－	80.3	23.9	14.5	25.7	3.9	20.0	1.3	30.3	100.0	100.0
500～1,000ha	－	－	－	－	－	－	19	2,098	8	3,650	－	－	27	5,748
割合	－	－	－	－	－	－	70.4	36.5	36.5	63.54	－	－	100.0	100.0
1,000～3,000ha	－	－	－	－	－	－	－	－	17	2,966	3	14,908	20	17,875
割合	－	－	－	－	－	－	－	－	85.0	16.6	15.0	83.4	100.0	100.0
3,000ha以上	－	－	－	－	－	－	－	－	－	－	7	21,623	7	21,623
割合	－	－	－	－	－	－	－	－	－	－	100.0	100.0	100.0	100.0

土地込購入[4)]とは異なる動きにも見え、実態解明が待たれる。

３．５．社有林における「退出」「継続」「参入」の地域性

社有林の動向を見る上で、最後に、地域性について確認する（表５－11）。「退出」「参入」の経営体の入れ替わりが大きかったのは、北海道、東北、九州、関東・東山といったいわゆる林業生産が活発な地域に顕著であった。注目されるのが、「継続」経営体において、いずれの地域も経営体数が増加したことである。そのことは2005年には会社に区分されなかった経営体が、2010年には会社に区分されたことになる。それは、家族経営を会社組織にした経営体、団体等の組織形態の変更等が考えられるが、その意味についてはセンサスデータからは分析が困難であり、実態調査が待たれる。

ところで、「継続」経営体のうち、関東・東山の面積ならびに１経営体平均面積が突出して大きいことについて、センサスは事業所単位の調査になっているが、事業所判定が会社個々に調査ごとに異なっているおそれがあり、都市所在の大規模経営体の行動がその都市の調査結果となってしまうなど、統計値やその変化の理解に困難な問題を孕んでおり、センサス利用上の課題

表５－11　保有の変化にみる社有林の「退出」「継続」「参入」別地域別特徴

（単位：ha）

地域	退出			継続						参入		
	2005			2005			2010			2010		
	経営体	面積	１経営体平均	経営体	面積	１経営体平均	経営体	面積	１経営体平均	経営体	面積	１経営体平均
北海道	185	47,095	255	185	80,349	434	201	102,857	512	130	32,387	249
東北	153	10,592	69	184	41,059	223	204	33,415	164	49	2,745	56
関東・東山	115	128,110	1114	116	224,648	1937	126	236,497	1877	57	198,244	3478
東海	113	16,191	143	155	63,887	412	179	69,339	387	33	4,255	129
北陸	28	15,232	544	37	7,873	213	45	10,126	225	7	151	22
近畿	107	32,751	306	123	38,460	313	127	37,521	295	18	1,526	85
中国	55	6,886	125	68	51,730	761	75	43,754	583	17	4,130	243
四国	48	3,159	66	59	11,787	200	70	12,843	183	12	2,155	180
九州	149	10,782	72	132	18,471	140	154	21,522	140	53	4,783	90

ともいえる。社有林の経営を考える場合、経営規模が大規模になればなるほど、都道府県あるいは市町村の単位とどのような接点を持つべきか、これまでも指摘はされてはきたが、データの接合によって、より一層、課題がはっきりしたといえる[5)]。

4．まとめ

本章では、会社に区分されるうち保有のある経営体を社有林として抽出し分析した。2005年と2010年を比較した林業経営行動の主な特徴は次のとおりである。1つ目として、2005年、2010年の経営形態別の総数にもとづく林業経営行動比較では、①家族有林は、素材生産活動が活発化したが、保有、所有、植林、主伐面積とも減少したこと、②社有林では保有、所有面積とも増加したが林業生産活動は低位であったこと、③公共有林では、保有面積、所有面積とも減少し、さらに主伐面積も減少する中、素材生産量を飛躍的に伸ばし、植林をする経営体が増えたこと、④組合有林は、保有面積の拡大とともに、主伐・植林面積も増加したが、素材生産活動が減少したことが指摘できる。

2つ目として、社有林の保有構造の特徴として、経営体数は、保有、所有、借入、貸出のすべてにおいて、2005年に比べて2010年は大幅に減少した。一方で、面積に関しては、借入以外の保有、所有、貸出のすべてが拡大した。特に、3,000ha以上の保有のある経営体において保有面積や所有面積が大幅に拡大するとともに、500ha以上の大規模層において貸出の増加傾向が見られたことが特徴であった。

3つ目として、社有林の「退出」「継続」「参入」における規模階層別林業経営行動について、1経営体当たりの平均活動を見ると、総じて「退出」した経営体は「継続」した経営体よりも活動量が小さいこと、その「継続」経営体は2005年時の活動の方が2010年時よりも大きいこと、「参入」した経営体は2005年時の活動量までには至らないが、2010年時の「継続」経営体よりも活動がやや大きい傾向があることが指摘できる。

４つ目として、「継続」経営体を個票で接合させた上で2005年時と2010年時を比較し、2010年時保有面積を増加させた経営体と減少させた経営体に分けて分析した結果、2010年時に会社に区分され保有面積を増加させた経営体は６割、減少させた経営体は４割といったように、「継続」経営体の中でも、大きな動きがあった。同じく、林業生産活動では、保有面積を増加させた経営体層は、素材生産は拡大したものの、それ以外の林業生産活動はすべて縮小した。一方、保有面積を減少させた経営体は、主伐面積を拡大させたが、素材生産量は大幅な減少となった。社有林の内実を見ると、林業経営行動は規模階層ごとに異なる動きを示したことが明らかになった。

５つ目は、同じく、「継続」経営体における保有規模階層の移動をみると、中小規模の経営体が、1,000ha、3,000haという規模に保有階層を上昇させた実態が明らかになった。このことは、90年代の森林所有者の窮迫販売による素材生産業者の土地込購入とは異なる動きにもみえた。

６つ目として、「退出」「継続」「参入」の地域性に関わっては、大幅な変更を伴った2005年センサス以来、指摘されてきた事業所単位の調査が抱える統計上の課題についてより鮮明になった。

以上から、若干の考察を次に示す。本章を通じて、社有林の林業生産活動は総じてマイナスであり、他の経営形態に比べても林業生産活動は低位であったことがまず指摘できる。だが一方で、保有面積や所有面積はむしろ増加した。保有面積や所有面積が増加したことの意味について、林業生産活動の調査項目を指標とする2005年、2010年の比較のみでは明らかにすることができないものの、このねじれの構造は、これまでの森林所有者の窮迫販売とは異なる動きも内包しているように見え、看過できない動きに見える。社有林の経営主は、大企業、山林地主が筆頭の会社組織等が一般的であったが、素材生産・流通・加工部門等を担う事業体の新規参入に関わり、社有林の林業経営行動について、今後も注意深く観察が必要であることが、2005年、

2010年比較から指摘したい第1点目である。

2005年、2010年比較から指摘したい第2点目は、社有林の林業経営の担い手を分析する上で、収入が最も多い事業について、その他に区分された経営体が1/3を超え、それは、林業と林産加工業の経営体を合わせた数とほぼ同じ割合になっていたことである。社有林の林業経営をとらえる上で、大きな割合を占めるその他の区分について、主業の実態を明らかにすることも大きな課題である。

第3点目は、地域における森林管理問題に関わり、社有林は、関東・東山の面積ならびに1経営体平均面積が突出して大きいことである。センサスは事業所単位の調査になっているが、林業経営が関東の本社で集約されている可能性がある。大規模な企業有林では、伐採量の決定等林業経営の根幹部分の意思決定は本社が行う場合が一般的である[6)]。さらに、社有林のある都道府県、市町村に必ずしも事業所があるとも限らない。社有林の経営を考える場合、経営規模が大規模になればなるほど、都道府県あるいは市町村の単位とどのような接点を持つべきか、地方分権化や地方創生の声がますます大きくなる中、さらに、本章でも明らかなとおり、社有林の規模が拡大している側面もあり、社有林の経営をセンサスでどのように把握するかは地域の森林管理にも影響する問題を孕んでいる。

注

1）餅田治之（2014）わが国における育林経営のビジネス化について．山林 1567、2-11、同（2016）わが国育林経営の新たな担い手について、山林 1587、2-9、大塚生美（2016）素材生産業者による林地集積と育林経営の展開、関東森林研究 67-1、33-36

2）三次地方森林組合（広島）、耳川広域森林組合（宮崎）、西村林業（秋田）他、筆者訪問調査による。

3）餅田治之（2009）山林保有体調査から林業経営体調査へ、餅田治之・志賀和

人編著『日本林業の構造変化とセンサス体系の再編：2005 林業センサス分析』農林統計協会、1-14

4）山田茂樹（1996）90 年代における素材生産業にみられる動きと林業生産構造. 林業経済研究 130、2-9

5）志賀和人（2009）2005 年センサス体系の再編と林業経営体把握の取組み、餅田治之・志賀和人編著『日本林業の構造変化とセンサス体系の再編：2005 年林業センサス分析』農林統計協会、15-34

6）大塚生美（2011）大規模会社有林の管理経営構造と専門技術者、志賀和人・藤掛一郎・興梠克久編著『地域森林管理の主体形成と林業労働問題』日本林業調査会、294-308

第 *6* 章

家族農業経営体による林業作業受託・立木買い

山本伸幸

１．本章の課題

本章では、林業経営体であり、かつ、農業経営体でもある家族による経営を行う経営体のうち、2005年か2010年いずれかの年に林業作業受託ないし立木買いを行った経営体を対象に分析を行う。かなり絞り込んだ課題設定だが、林業作業受託は近年政策が目指す森林施業集約化、安定的な林業経営の確立とも密接に関連し、５年おきのセンサスによって、地域農林業と結びつく情報を得ることができれば有益であろう。また、立木買い行動の分析も、素材生産活動の実態の一面を明らかにすることが期待される。

本書の各章の分析から明らかなように、センサスの限られたデータ項目であっても、個票を利用すれば、データの選択によってさまざまなテーマ設定が可能である。センサスの提供する全国網羅的な相当数のデータを対象とした分析は、事例研究や個別のアンケート調査とはまた違う切り口を提示する。本章では、2005年以降の農林業センサスで可能となった、農林業の横断的分析や、本書全体の課題である個票時系列データ分析の試行についての考察を併せて行い、今後の農林業センサス利用に資することを目指す。

２．分析対象経営体の定義

本章における経営体の類型区分は第２章と同様とした。すなわち、林業経営体であり、かつ、農業経営体でもある家族による経営を行う経営体のうち、2005年か2010年いずれかの年に林業作業の受託ないし立木買いを行った経営体を対象とする。その際、2005年から2010年の間の不自然な異動を減らすため、非家族のうち非法人であるものを家族経営体と合わせて、そこから農業経営体を抽出し、さらに両年いずれかで受託・立木買いを行った経営体をさらに絞り込んだ。

これらについて、まずA）2005年、2010年のいずれの年も林業作業受託のみ行い、立木買いをしなかった経営体、B）林業作業受託に加え、2005年、2010年のいずれかの年または両年とも立木買いをした経営体、C）前記B）

のうち、2005年、2010年の両年とも立木買いをした経営体、に分類した[1)]。さらに、それらを本書の各章で採用されている退出、参入、継続の概念を用いて分類し、1）2005年に林業作業受託ないし立木買いを行ったが、2010年に立木買いをせずに「退出」した経営体（退出経営体）、2）2010年に新たに林業作業受託ないし立木買いに「参入」した経営体（参入経営体）、3）2005年、2010年の両年とも林業作業受託ないし立木買いを行った「継続」経営体（継続経営体）、とした。

以上の結果を、農業地域区分の地域別に実数と比率で示したのが表6－1である。対象経営体数は表A、表Bの2つの表の合計で2,458経営体だが、ここで表Cの両年とも立木買いをした農林業経営体は、表Bの継続経営体に含まれる。したがって、表Bから表Cを差し引くと、いずれかの年に立木買いをした経営体数を表している。

表から明らかなとおり、林業作業受託のみの経営体の異動は大きく、全国値では2005年の半分強の経営体が退出し、退出経営体の倍近い経営体が新たに参入したことが見てとれる。これは第2章で家族または非法人で農業経営体でもある受託経営体が参入超過で大幅に増加したことと重なる結果である。地域別では九州が最も多く、全体の1/4を占め、続く、中国、東北と併せると6割になる。2つの表の比率を比較すると、相対的にA表で参入経営体が高く、B表で継続経営体が高い。また、北海道は総数が少ないものの、特に継続経営体の低さが目につく。

以上は、本書の各章で用いられている退出、参入、継続の分類を林業作業受託、立木買いした農林業経営体に当てはめた結果である。しかしながら、改めて考えてみると、今回の分析がわずか5年間を隔てた2か年だけのものであるため、ここで退出参入とした変動が、たまたま該当年にその行為を行わなかったというような短期的変動を示すものか、そうではなく、退出、参入といった言葉から連想するような中長期的変動を示すものかについて、にわかに判別しがたい。特に本章が対象とするような林業作業や立木買い行動

表６－１　分析対象の農林業経営体

A．林業作業受託のみの経営体数

	北海道	東北	北陸	関東東山	東海	近畿	中国	四国	九州	全国
退出	6	47	24	40	65	38	94	78	137	529
参入	28	154	35	63	116	79	185	109	226	995
継続	4	96	13	28	41	27	64	35	107	415
計	38	297	72	131	222	144	343	222	470	1,939
比率										
退出	16	16	33	31	29	26	27	35	29	27
参入	74	52	49	48	52	55	54	49	48	51
継続	11	32	18	21	18	19	19	16	23	21

B．林業作業受託に加え、いずれかの年または両年とも立木買いをした経営体数

	北海道	東北	北陸	関東東山	東海	近畿	中国	四国	九州	全国
退出	6	16	7	8	9	12	25	14	25	122
参入	3	40	8	10	10	11	25	12	42	161
継続	1	60	8	21	15	19	30	14	68	236
計	10	116	23	39	34	42	80	40	135	519
比率										
退出	60	14	30	21	26	29	31	35	19	24
参入	30	34	35	26	29	26	31	30	31	31
継続	10	52	35	54	44	45	38	35	50	45

C．林業作業受託に加え、両年とも立木買いをした経営体数

	北海道	東北	北陸	関東東山	東海	近畿	中国	四国	九州	全国
継続	0	30	3	11	5	10	17	4	36	116

の場合、２か年のデータからの即断は困難に思われる。実際、本章執筆に先立ち、退出参入概念を用い、いくつかの分析を試みたが、有用な結果を得ることができなかった。そこで本章の分析では、安定的に事業を営む経営体として、２か年とも林業作業受託をしたか、立木買いをした継続経営体に焦点を当てて分析を行うこととした。

さらにA、B、Cの類型について、もう少し述べよう。まず、両年とも林業作業受託のみで、立木買いをしなかったAは、2000年センサスにおける育林サービス事業体と素材生産サービス事業体を併せた林業サービス事業体に準えることができる。また、両年とも立木買いを行ったCについては、2000年センサスの素材生産事業体のうち、林業サービスも併せて行う事業

体に類似したものと見なすことができるだろう[2)]。一方、Bについては、片方の年には林業サービス事業体、もう片方の年には素材生産事業体に近く、今回の２か年のみのデータからは性格を規定することが困難だった。

説明が随分と回りくどくなったが、以上を踏まえ、これ以降の分析では、Aの林業作業受託を継続して行った経営体（以下、林業作業経営体）415経営体と、Cの林業作業受託に加え立木買いを継続して行った経営体（以下、立木買経営体）116経営体の合計531経営体を分析対象とする。その際、農林業地域構造の重要性に鑑み、農業地域区分によって示される各指標の地域差を精察して分析を行う[3)]。ただし、北海道についてはデータ数が十分確保できなかったため、参考値として示したが今回の分析対象からは外した。その上で、北海道を除く残り８地域の平均値を都府県平均として、全体動向の把握に用いる。

３．農林業の現金収入

2005年以降のセンサスでは農林業経営体という概念を設定し、「我が国農林業の生産構造、農業・林業生産の基礎となる諸条件等を総合的に把握すること」を、統計の目的としている。実際、そうした統計設計もされてはいるが、2005年、2010年センサスでは、統計の目的に沿うような、農林業を横断する表章は農林水産省統計部からは公表されていない。また、センサスを利用した研究論文を見ても、佐藤による2010年センサス組み替え集計による分析[4)]の他には、管見の限りでは見当たらず、十分な活用がされているとはいえない現状である。本節と次節では、個票接続時系列データ利用の観点から、この課題に若干の知見を付け加えたい。

2005年、2010年農林業センサスにおいて、農林業収入に関連して、林産物販売金額、林業作業の受託料金収入、農産物販売金額、農業作業の受託料金収入の４項目がある。表６－２に林業作業経営体、立木買経営体について、その地域別平均値を示した。なお、2005年が実数値であるのに対し、

表６－２　農林産物販売額、農林業作業受託額（地域別、平均）

2005 年　（万円）

	林産物販売額		林業作業受託額		農産物販売額		農業作業受託額		農林業収入額	
	林業作業経営体	立木買経営体	林業作業経営体	立木買経営体	林業作業経営体	立木買経営体	林業作業経営体	立木買経営体	林業作業経営体	立木買経営体
北海道	50	－	258	－	1,485	－	9	－	1,801	－
東北	20	249	537	1,066	255	250	19	24	831	1,588
北陸	13	17	96	883	87	193	2	2	198	1,095
関東東山	374	172	315	271	151	76	5	9	845	528
東海	138	102	290	492	287	72	11	4	727	670
近畿	95	665	223	1,687	200	51	18	0	536	2,403
中国	88	137	239	1,104	207	184	22	13	556	1,438
四国	62	320	177	225	210	73	1	0	450	618
九州	33	436	305	1,040	324	46	10	5	672	1,528
都府県平均	78	309	325	983	249	128	13	11	665	1,431

2010 年　（万円）

	林産物販売額		林業作業受託額		農産物販売額		農業作業受託額		農林業収入額	
	林業作業経営体	立木買経営体	林業作業経営体	立木買経営体	林業作業経営体	立木買経営体	林業作業経営体	立木買経営体	林業作業経営体	立木買経営体
北海道	38	－	781	－	2,188	－	8	－	3,014	－
東北	73	752	846	1,798	279	232	21	28	1,219	2,810
北陸	44	553	242	633	105	183	5	11	396	1,380
関東東山	43	164	213	204	148	74	7	37	411	479
東海	102	145	203	750	215	88	15	7	535	990
近畿	73	769	336	1,248	259	34	31	0	700	2,051
中国	83	330	178	654	188	186	33	22	483	1,192
四国	93	38	249	352	203	73	4	0	549	462
九州	64	582	355	924	392	89	15	12	826	1,606
都府県平均	74	527	403	1,035	266	136	19	18	762	1,716

※ただし、2010 年の値は階層の中央値をあてた。

2010 年は階層ごとの集計値であるため、2010 年については１つの階層に属する経営体すべてに、階層の中央値をあてた[5)]。

まず林業について都府県平均を見ると、林産物販売において立木買経営体、林業作業受託料金において林業作業経営体の５年間の伸びが目立つ。地域ごとに見た場合、これと同様の動きを示すのは東北である。また、北陸は 2005 年の林産物販売額の小ささが際立ち、九州も伸び幅は小さいものの、いずれも似た傾向を示している。一方、都府県平均と異なった動きとして目立つのは、四国が 2005 年から 2010 年にかけて、立木買経営体の林産物販売額を300万円近く落としている点である。林業作業経営体の林業受託作業料金については、関東東山、東海、中国がいずれも減少を示し、地域ごとにさまざまな動きがあったと読む方が素直かもしれない。

次に農業について見よう。都府県平均の農産物販売額は両年とも、林業作業経営体が立木買経営体の２倍程度であり、農業生産の占める大きさは林業作業経営体の方が大きいことを窺わせる。そうした中で、北陸だけは立木買経営体の農産物販売が林業作業経営体の２倍近くであること、中国は都府県平均と同様の傾向であるものの、その差が他地域ほど大きくない点が注目される。農業作業受託料金はいずれの地域も大きくなく、農林業を一体的に受託する経営体はほとんど見られないことが示唆されるが、東北、中国は他地域に比べれば若干高い。

さらに農林産物販売、農林業受託料金の４項目の合計額を農林業収入として、表の最右欄に示した。両年とも立木買経営体が林業作業経営体より全般に高いが、関東東山や四国のように逆のケースも見られた。両経営体とも東北で特に大きな伸びを示したこと、近畿の立木買経営体が林業収入の高さのため、特に高い農林業収入であることなどが特徴として見出せる。

４．林業作業受託、立木買いと農業生産

農林業を横断したもう１つの分析事例として、個別の農産物ごとの販売金額と林業経営体の関係について、地域別平均値を表６－３に示した。個別の農産物販売金額は、前節で用いた農産物販売金額全体の値に割合を乗じて算出した[6)]。また、2005年が実数値であるのに対し、2010年は階層ごとの集計値であるため、2010年については１つの階層に属する経営体すべてに、階層の中央値をあてたことは前節同様である[7)]。

農産物販売金額総額について、林業作業経営体が立木買経営体より大きい地域が多いこと、その中で、北陸、中国が特異であることは前節で述べた。個別の農産物の内訳からその原因を探れば、北陸、中国の両地域とも米（水

表６－３　農産物販売金額（地域別、平均）

2005年

林業作業経営体　（万円）

	米	いも	工芸	野菜	果樹	花き	他作物	酪農	肉用牛	他畜産	計
北海道	203	375	250	523	0	0	10	0	0	0	1,485
東北	116	2	2	41	2	5	14	38	35	0	255
北陸	77	0	0	2	0	0	8	0	0	0	87
関東東山	72	0	1	21	20	0	16	0	21	0	151
東海	65	3	151	40	4	4	9	0	9	0	287
近畿	63	1	47	14	72	1	2	0	0	0	200
中国	67	1	8	4	2	11	56	31	28	0	207
四国	20	0	32	78	3	1	11	0	63	1	210
九州	50	1	1	46	7	8	32	0	178	0	324
都府県平均	70	1	23	35	9	6	23	14	66	0	249

立木買経営体

	米	いも	工芸	野菜	果樹	花き	他作物	酪農	肉用牛	他畜産	計
北海道	－	－	－	－	－	－	－	－	－	－	－
東北	80	3	6	18	1	0	98	0	43	0	250
北陸	188	5	0	0	0	0	0	0	0	0	193
関東東山	44	9	0	18	0	0	5	0	0	0	76
東海	51	0	19	3	0	0	0	0	0	0	72
近畿	38	0	0	0	0	0	4	0	8	0	51
中国	152	0	0	10	1	0	22	0	0	0	184
四国	13	0	0	0	35	0	0	0	0	25	73
九州	21	0	0	8	0	0	4	0	13	0	46
都府県平均	64	2	2	11	2	0	30	0	16	0	128

2010年

林業作業経営体　（万円）

	米	いも	工芸	野菜	果樹	花き	他作物	酪農	肉用牛	他畜産	計
北海道	293	375	375	563	0	0	20	0	0	0	2,188
東北	156	6	1	44	2	6	16	26	22	0	279
北陸	97	0	0	1	1	0	7	0	0	0	105
関東東山	85	3	0	27	19	0	1	0	13	0	148
東海	50	3	119	20	1	9	5	0	6	0	215
近畿	86	0	43	25	102	0	3	0	0	0	259
中国	80	3	3	8	2	14	48	0	31	0	188
四国	34	1	10	71	6	1	16	0	64	0	203
九州	76	2	2	35	5	18	33	0	215	6	392
都府県平均	90	3	17	32	11	9	22	6	72	1	266

立木買経営体

	米	いも	工芸	野菜	果樹	花き	他作物	酪農	肉用牛	他畜産	計
北海道	－	－	－	－	－	－	－	－	－	－	－
東北	113	8	0	16	9	0	38	0	49	0	232
北陸	183	0	0	0	0	0	0	0	0	0	183
関東東山	45	15	1	12	0	0	0	0	0	0	74
東海	64	0	18	6	0	0	0	0	0	0	88
近畿	25	0	0	0	0	0	0	0	8	0	34
中国	169	2	0	3	3	0	9	0	0	0	186
四国	28	0	0	6	31	0	0	0	0	8	73
九州	40	1	0	17	1	0	10	0	21	0	89
都府県平均	81	4	1	11	4	0	14	0	20	0	136

ただし、2010年の値は階層の中央値をあてた。
農産物販売割合計が10割に満たない経営体があるため、表の各農産物を足し合わせた値と計の欄の値の一致しない地域がある。

稲・陸稲）販売額に理由のあることが分かる。両地域とも立木買経営体の米販売額が林業作業経営体の２倍程度で、林業作業経営体の米販売額の方が大きい他地域とは異なる特徴を持っている。

特に北陸は、農産物販売金額全体に占める米販売金額の比重がいずれの経営体でも９割近くを占め、林業経営との密接ぶりを窺わせる。中国について見ると、立木買経営体の米販売額が全体に占める割合は北陸同様に高い。しかし、林業作業経営体では、他作物、酪農、肉用牛といった販売額が一定程度あるため、米販売額は全体の３、４割に留まる。なお、全体を見渡すと、北陸、中国ほどではないが、他地域においても林業作業経営体より立木買経営体において、米販売に特化した傾向が見られる。

その他の地域についても、それぞれ特徴を見よう。北海道は林業作業経営体のみで事例も少ないことは既に述べたとおりだが、他地域に比べ農産物販売金額は著しく大きく、都府県とは分けた分析が必要であることが示唆される。東北は立木買経営体より林業作業経営体の米販売額のウェイトが高いことを除けば、農産物販売金額総額の大きさもそれほど違わない点が目立つ。関東東山、東海、近畿は両経営体の米販売額は同程度だが、特に林業作業経営体において東海の工芸作物、近畿の果樹類の販売額の大きさが、地域ごとの販売額総額の違いにつながっている。四国は米販売額が全国の中で最も小さいが、林業作業経営体では野菜、肉用牛が、立木買経営体では果樹の販売額がそれを補っている。九州の林業作業経営体は、農産物販売額総額が全国の中で最も高く、その半分強を肉用牛販売額が占める。一方で、立木買経営体の農産物販売額は、近畿とともに非常に低く、両経営体の落差が大きい。最後に、農産物販売額の経時変化だが、各地域、両経営体とも大きな特徴は見られなかった。

５．林業作業の受託

過去１年間の林業作業の受託面積について、地域ごとの平均を表６－４に示した。林業作業の内容は植林、下刈りなど、間伐、受託主伐、立木買いだが、2010 年の間伐は切り捨て、利用の内数も利用可能である。また、立木買いの項目は立木買経営体だけに計上されている。

まず定義から当然の結果ではあるが、受託による主伐を除き、全般に林業作業経営体の受託面積が立木買経営体より大きい。極端な例では、2010 年の北陸の立木買経営体の受託作業面積の値はすべて０であった。林業作業経営体の受託の中心は間伐、次いで下刈りなど、立木買経営体の受託については間伐、主伐が中心だが、2010 年には 2005 年に比べ間伐のウェイトが増した。切り捨て間伐か利用間伐かは 2010 年のデータしかないが、四国、九州

表６－４　林業作業の受託面積（地域別、平均）

林業作業経営体（ha）

	2005 年				2010 年					
	植林	下刈	間伐	主伐	植林	下刈	間伐	（切捨）	（利用）	主伐
北海道	5.00	5.00	7.00	75.00	0.50	1.50	15.25	13.75	1.50	25.43
東北	1.09	9.40	14.99	1.73	1.86	10.28	23.19	18.23	4.96	2.15
北陸	0.04	3.69	2.61	0.02	0.02	1.00	2.57	1.01	1.56	0.85
関東東山	0.79	3.82	7.10	0.39	0.17	1.88	8.97	7.00	1.97	0.41
東海	0.29	6.84	26.21	0.75	0.04	1.25	10.64	7.97	2.67	0.96
近畿	0.27	2.90	4.70	0.44	0.28	6.84	5.41	5.03	0.37	0.77
中国	0.24	3.55	4.16	0.72	0.42	3.51	6.92	4.35	2.58	0.03
四国	0.00	0.68	6.37	0.09	0.06	0.80	10.22	3.90	6.32	0.56
九州	0.98	6.28	15.29	0.74	0.98	6.70	12.83	7.30	5.53	1.13
都府県平均	0.65	5.69	12.16	0.85	0.80	5.50	12.81	8.80	4.01	1.05

立木買経営体（ha）

	2005 年					2010 年						
	植林	下刈	間伐	主伐	立木買	植林	下刈	間伐	（切捨）	（利用）	主伐	立木買
北海道	－	－	－	－	－	－	－	－	－	－	－	－
東北	0.00	0.83	3.56	0.17	10.89	0.23	0.02	3.69	1.20	2.49	1.10	8.02
北陸	0.00	0.00	0.00	2.67	5.67	0.00	0.00	0.00	0.00	0.00	0.00	2.27
関東東山	0.00	0.10	0.94	0.02	3.94	0.00	0.45	3.05	2.09	0.96	0.14	2.24
東海	0.00	0.00	1.08	12.03	14.14	0.00	0.00	5.36	4.60	0.76	0.20	2.62
近畿	0.00	0.15	5.04	5.33	2.78	0.00	0.00	8.84	4.62	4.22	2.80	2.91
中国	0.06	0.11	0.29	0.00	3.57	0.00	0.14	0.88	0.65	0.24	0.00	4.18
四国	0.00	0.00	1.33	0.00	1.50	0.00	0.00	0.75	0.00	0.75	0.00	4.70
九州	0.07	2.10	2.06	4.34	6.87	0.45	2.84	9.15	5.06	4.09	2.23	6.91
都府県平均	0.03	0.91	2.22	2.44	6.89	0.20	0.95	5.23	2.77	2.46	1.24	5.63

で両経営体とも利用間伐が盛んなことが見てとれる。

両経営体の2005年から2010年の受託主伐面積の変化を見ると、林業作業経営体については、ほとんどの地域で軒並み増加が見られる中で、中国のみ減少した。一方、立木買経営体については、受託主伐面積の増加した地域は、東北で微増が見られるだけであり、北陸、東海、近畿、九州で大きく減少した。立木買いについては、東北から東海にかけて減少、近畿から九州にかけて増加と、東西で逆の傾向を示した。

林業作業経営体のその他の受託面積の変化を見ると、植林、下刈りなど、間伐とも都府県平均について５年間の大きな変化はなかった。しかしながら、地域別にはいくつか変化が見られ、下刈りなど面積は東北、近畿などで増加したのに対し、北陸、関東東山、東海で大きく減少した。また間伐面積は東北の２倍弱の増加と、それと対照的な東海の半減が特に目立つ動きである。立木買経営体については、九州の下刈りなど面積が２、３haである他は、植林、下刈りなど面積はわずかである。間伐面積は林業作業経営体に比べるとずっと少ないものの、５年間で倍増した。この増加に大きく寄与したのは、近畿、九州の経営体であった。

６．林業作業受託、立木買いと素材生産

林業作業経営体と立木買経営体の素材生産量の動向について、保有山林、受託作業、立木買いについて、地域ごとの特徴も合わせてみたものが表６－５である。ここで上表は素材生産量総計であり、今回の分析対象とした経営体が、総量でどのくらいの素材生産をしているかを地域ごとに表している。下表は地域ごとの１経営体当たりの平均素材生産量である。

まず上表の総計を見ると、林業作業経営体の素材生産量総計が11.0万m^3から21.6万m^3、立木買経営体が14.7万m^3から18.2万m^3に、いずれも増加した。両経営体の値を合計すると、25.7万m^3から39.8万m^3への伸びである。そのうち林業作業経営体では受託作業による素材生産が８割強、立木

表６－５　素材生産量（地域別）

素材生産量総計（m³）	2005年					2010年				
	林業作業経営体		立木買経営体			林業作業経営体		立木買経営体		
	保有	受託	保有	受託	立木買	保有	受託	保有	受託	立木買
北海道	280	3,100	－	－	－	150	3,200	－	－	－
東北	2,210	40,900	2,180	250	42,698	5,070	93,202	6,550	5,850	49,569
北陸	332	15	50	400	2,670	5,030	2,020	510	0	650
関東東山	1,308	4,916	360	350	2,620	555	2,490	860	190	2,510
東海	2,028	7,328	40	30	2,130	2,790	6,968	75	10	1,172
近畿	535	619	780	7,670	4,253	515	2,650	1,100	9,753	6,138
中国	4,166	6,981	740	800	14,390	5,141	11,992	1,300	278	15,328
四国	1,578	7,309	150	0	1,767	2,558	3,604	100	0	480
九州	4,400	25,462	11,931	10,608	40,340	7,771	63,764	12,707	10,674	56,538
都府県計	16,557	93,530	16,231	20,108	110,868	29,430	186,690	23,202	26,755	132,385

素材生産量平均（m³）	2005年					2010年				
	林業作業経営体		立木買経営体			林業作業経営体		立木買経営体		
	保有	受託	保有	受託	立木買	保有	受託	保有	受託	立木買
北海道	70	775	－	－	－	38	800	－	－	－
東北	23	426	73	8	1,423	53	971	218	195	1,652
北陸	26	1	17	133	890	387	155	170	0	217
関東東山	47	176	33	32	238	20	89	78	17	228
東海	49	179	8	6	426	68	170	15	2	234
近畿	20	23	78	767	425	19	98	110	975	614
中国	65	109	44	47	846	80	187	76	16	902
四国	45	209	38	0	442	73	103	25	0	120
九州	41	238	331	295	1,121	73	596	353	297	1,571
都府県平均	40	228	140	173	956	72	454	200	231	1,141

買経営体では立木買いによる素材生産が７割強を両年とも占める。第２章で示したように、センサス対象経営体全体の素材生産量は、５年間で1,382万m³から1,562万m³に増加したので、分析対象経営体の素材生産量はセンサス全体の１～２％である。地域では東北、九州が圧倒的に多く、この点は第２章の傾向と一致する。

次に下表の１経営体当たりの平均素材生産量について見よう。前段で述べたことからも明らかなとおり、都府県平均はいずれの値も５年間で増加したが、ここでも地域ごとに異なる動きを示した。東北で立木買経営体が行う立木買いの規模が大きく、この間、生産量も増加した。また、林業作業経営体の受託作業による素材生産量が倍増したことが目立つ。同様の動きは九州でも見られるが、この２地域で異なるのは、立木買経営体における保有山林や受託作業からの素材生産の伸びが、東北では見られるのに対し、九州はほとんど変化のないことである。

その他の地域では、近畿と中国で立木買経営体の立木買いによる素材生産量が伸びた。加えて近畿は、立木買経営体の受託作業による素材生産量が、他の地域より大きいことが際立つ。北陸、四国は、立木買経営体の立木買いによる素材生産量が減少していることが共通する。北陸では林業作業経営体の2010年の保有山林からの素材生産量の高さが群を抜く。残る関東東山、東海は全般に素材生産が低調だった。

本章では、ここまで専ら地域ごとにさまざまな指標の動きを追ってきた。それに対して、経営体個々の動きについて何か特徴を見出せないか、との考えから作成したのが図６－１である。この図の横軸と縦軸は、立木買経営体116経営体について、受託作業および立木買いによる素材生産量総計の値を、2005年を縦軸、2010年を横軸に、両対数グラフでプロットしたものである。したがって、斜めに引いた３本の45度線上の点は、上から順に、2005年に比べ2010年に10倍に増加、2005年と2010年で不変、2005年に比べ2010年に1/10に減少したことを意味する。

この図を見ると、数はさほど多くはないが、2005年に３千m^3より素材生産量の大きい経営体は、2010年に素材生産量があまり変わらないか、若干伸ばしており、減少した経営体はなかったことが分かる。それ以下の層では、生産量を伸ばした経営体、減らした経営体はさまざまだが、特に、2005年の１千m^3近傍でばらつきが大きく、2010年に大きく減少した経営体も多い一方で、10倍以上の伸びを示した経営体も観察できる。

ちなみに、５年間で10倍以上の伸びを示し、2010年に１万m^3近い素材生産を行った３経営体は、岩手県１経営体（2005年：受託５百m^3、立木買0m^3→受託５千m^3、立木買４千m^3）、宮崎県２経営体（2005年：受託３百

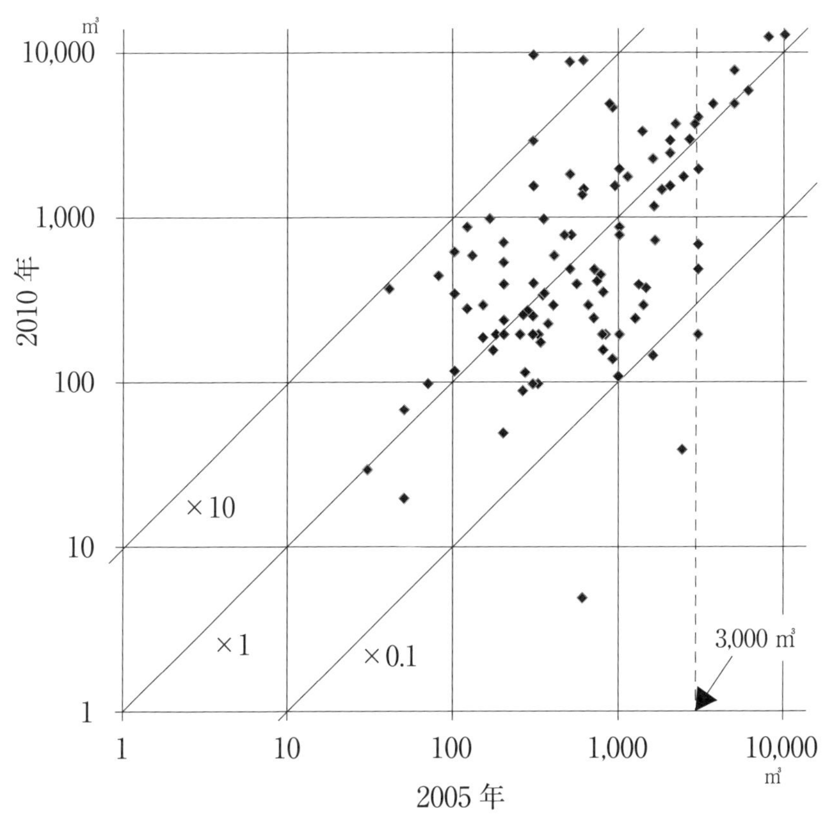

図6－1　立木買経営体の受託・立木買素材生産量総計の推移

m³、立木買0 m³ →受託5千m³、立木買5千m³、および、2005年：受託6百m³、立木買0 m³ →受託7.8千m³、立木買1.3千m³）であり、受託を大きく伸ばすとともに、新たに立木買を行った結果であった。

7．小　括

本章では、家族農林業経営体による林業作業受託・立木買いに対象を絞り、2005年および2010年の農林業センサスの経年変化の分析をいくつか行った。分析結果からは、地域ごとに多様な林業作業受託、立木買いの一端が垣間見えた。

特に本章の分析結果として興味深い点として、林業経営体と農業の関係について挙げることができる。2005年から2010年の5年間に、都府県平均の農林業収入額は、林業作業経営体、立木買経営体ともに増加したが、それに大きく寄与したのは、前者では林業作業受託額、後者では林産物販売額、林業作業受託額の両方であった。これらの変化は地域ごとに異なるが、特に、北陸や中国の特異な動きの要因と考えられる米作との関係は、より詳細な分析が今後の課題である。

その他、林業作業の受託面積や素材生産量の変化については、全国的には間伐のウェイトが増加したといわれるが、各地域の挙動を個別に追えば、その動きは多様であったことが分かる。また、立木買経営体個々の動きからは、規模ごとに異なる一定の傾向が見られた。

本章の分析の最大の難点は、分析対象データの少なさといえよう。今回用いたデータはサンプリングなどではなく、たまたま2か年の接続が可能であっただけのものである。そのため、今回の分析のように、類型データを絞り込めば絞り込むほど、センサスという悉皆調査を用いながら、一部のデータを恣意的に抜き出した分析を行うことになる。地域的差異が大きく、さまざまな形態を有する林業経営において類型の細分化は不可避であり、センサス個票利用を今後進めていく際に、方法論の確立が望まれる。

注

1）第2章の素材生産事業体に関する分析との重複は避け、本章では、作業受託がなく、立木買いだけをいずれかあるいは両年に行った経営体については、分析対象としなかった。

2）実際には、2000年センサスでは、事業体収入割合の多寡によって、林業サービス事業体、素材生産事業体を分類しており、本章の定義とは若干異なる。

3）本章ではひとまず農業地域区分を採用するが、1960年代に盛んに用いられた先進林業地、後進林業地をはじめ、地域区分は分析目的によって多様である。

柳幸広登「林業生産活動の地域性」、赤羽武編『1990年世界農林業センサス分析　日本林業の生産構造』、1990年、222-223頁、興梠克久「家族林業経営体の地域別・階層別分析」、興梠編著『日本林業の構造変化と林業経営：2010年林業センサス分析』、2013年、81頁、参照。

4）佐藤宣子「家族林業経営体の農業構造および農林業経営体による素材生産の実態」、前掲、興梠編著、109-134頁

5）金額階層の実額換算に区間中央値を用いたため、結果に、上方バイアスが生じている。編著者の田村の計算によると、バイアスの大きな階層では１～２割程度過大になった。区間をどのような値で代表させるかの決定打はなく、悩ましい問題である。今回採用した区間中央値による分析は、地域間の相対比較では問題ないものの、２時点間の比較には注意を要する。

6）農産物販売割合計が10割に満たない経営体があるため、表の各農産物を足し合わせた値と計の欄の値との一致しない地域がある。

7）注５）参照。

第7章

家族による保有山林経営と世帯構成

田村和也

１．林業経営体の世帯・世帯員の分析を行う意義とその方法

本章では、山林を保有する林業経営体のうち家族である経営体（家族保有経営体）を対象に、世帯員や世帯に着目して経営活動を分析する。

今後も進行が予測される国内人口の減少・高齢化は、林業経営体の多く所在する山村ではとりわけ深刻である。農林業世帯の規模は一般世帯に比べれば依然大きいものの、世帯員数や世代数の縮小、世帯員の高齢化が進み、家族労働力の確保や経営継承に懸念が増している。林業の場合、森林組合や素材生産業者などの林業サービスを行う事業体や雇用労働者が従来から存在し、世帯自身の労働力を補完ないし代替してきた。しかし、高齢化や世帯規模縮小、また経営継承が契機となり、経営体の林業活動低下や山林管理放棄の事態が生じるおそれは大きい。そこでセンサスの家族経営体について、経営主の年齢・性別、世帯規模、および経営継承が、経営活動状況やその変化とどのような関連を有するか分析を試みた。

図７－１は、農林業センサス調査票の世帯員の設問を模式化したものである。世帯員ごとに、年齢・性別・世帯主との続柄、自営農業従事日数、自営農業以外の仕事と自営林業への従事日数（2005年のみ）、生活の主な状態、経営主・後継者への該当[1)]、などが設問されている。これらから世帯員数や従事日数別人数、後継者のいる経営体数といった集計結果が得られるが、世

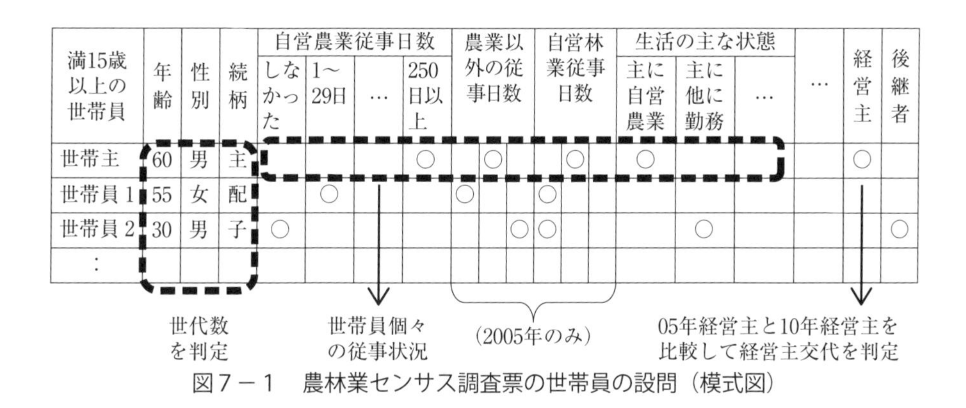

図７－１　農林業センサス調査票の世帯員の設問（模式図）

帯員個々のデータに着目することで、世帯員属性を軸とした集計や、個々の従事状況把握が可能になる。また、世代数など世帯員構成による世帯の類型化も考えられる。その際、2005・10年の世帯を接続すれば世帯の変化が把握可能であり、さらに世帯員も照合できれば世帯員の行動変化も把握できるだろう。

本章では家族保有経営体を対象として、2005・10年の世帯員[2)]・世帯[3)]のデータを用い、まず経営主年齢・性別を軸とした世帯員構成、その自営林業従事状況（調査された2005年のみ[4)]）、および経営体の経営活動状況を、農業経営体・非農業経営体別に分析した。次に世帯の観点から、世代数と経営活動の関係、経営主交代と経営活動変化の関係を分析した。女性経営主については既に佐藤（2009）が着目しているが、本章でも、数は少ないながら男性経営主の場合との活動水準差や、経営主交代における女性の位置を考慮して、取り上げた。世帯の分類に際しては、農業経営体を対象とした分類の方法を参考にした。

なお、本章では、林業活動の実施状況を経営体に占める割合で観察した。これは第3章注1で触れたように、調査された経営体集合内での特徴・相違を明らかにするに過ぎないが、世帯・世帯員の分類間では異動が多く変化実数での分析は極めて煩雑となるため、割合で観察した。

表7－1　農業・非農業、経営主男女別の経営体数と山林状況（家族保有経営体）

		経営体数			保有山林面積 平均 [ha/ 経営体]		村外 面積率	任せ 面積率	人工 林率
		05年	10年	変化率	05年	10年	05年	05年	05年
計		176,664	124,017	-30%	13.0	14.3	14.6%	6.5%	65.3%
農業 経営体	男	118,769	86,974	-27%	11.2	12.7	7.0%	3.5%	64.4%
	女	4,620	3,773	-18%	11.3	12.4	7.3%	3.5%	60.4%
非農業 経営体	男	46,310	28,476	-39%	17.2	19.1	26.3%	10.8%	68.0%
	女	6,965	4,794	-31%	16	15.7	24.9%	13.7%	60.3%

注1）村外面積率：保有山林のうち居住・所在する市区町村外に所在の面積率
注2）任せ面積率：保有山林のうち他人に管理をまかせている面積率

２．経営主と世帯員の状況

はじめに、農業・非農業経営体別、経営主男女別の経営体数と山林状況の相違を確認する（表７－１）。家族保有経営体のうち農業経営体は2005年70％・10年73％であった。経営主のうち女は７％で、非農業経営体では13％と多い。経営体数の減少率は、経営主男、非農業経営体で大きく、経営主女および農業経営体の割合が高まった。保有山林状況については、非農業経営体は面積がやや大きく、村外面積率・管理を任せている面積率が高い。人工林率は、経営主女で若干低い程度であまり差はない。

次に、2005・10年の経営主の年齢別階級人数を、農業・非農業経営体、男・女の別に示したのが図７－２である（４つのグラフで縦軸スケールが異なることに注意）。農業経営体・経営主男の場合、2005年は団塊世代にあたる50代後半、および60代後半～70代前半に人数の山があり、10年はこれが５歳先に進んで山が低くなっている。経営主女では高齢寄りに分布し、非農業経営体も同様である。平均年齢は、2005年は農業男62・女67・非農業

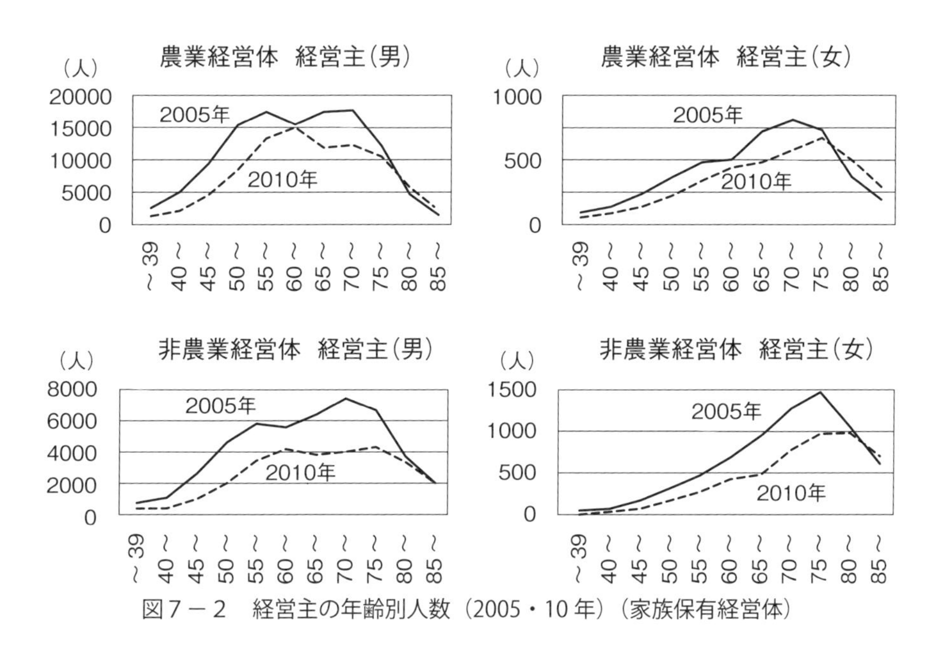

図７－２　経営主の年齢別人数（2005・10年）（家族保有経営体）

男 66・女 72、10 年は農業男 65・女 69・非農業男 68・女 74 で、５年間で２～３歳高齢化した。

世帯員の状況として、15 歳以上世帯員数、経営主に配偶者のいる割合[5)]、後継者のいる割合を経営主年齢・性別に示す（図７－３）。農業経営体・経営主男の場合、15 歳以上世帯員数は 2005 年 3.8 人、10 年 3.6 人と若干減少した。配偶者のいる割合は 40 代以降で８割超、後継者のいる割合は 50 代以降で４、５割である。農業経営体・経営主女の場合は、15 歳以上世帯員は 50 歳前後で約４人いるものの、70 代では２人程度しかいない。配偶者のいる者は、50 代で３割、全体では 16％と非常に少ない。後継者は 50 代では４割にいるものの、高齢層では３割と少ない。非農業経営体では農業経営体に

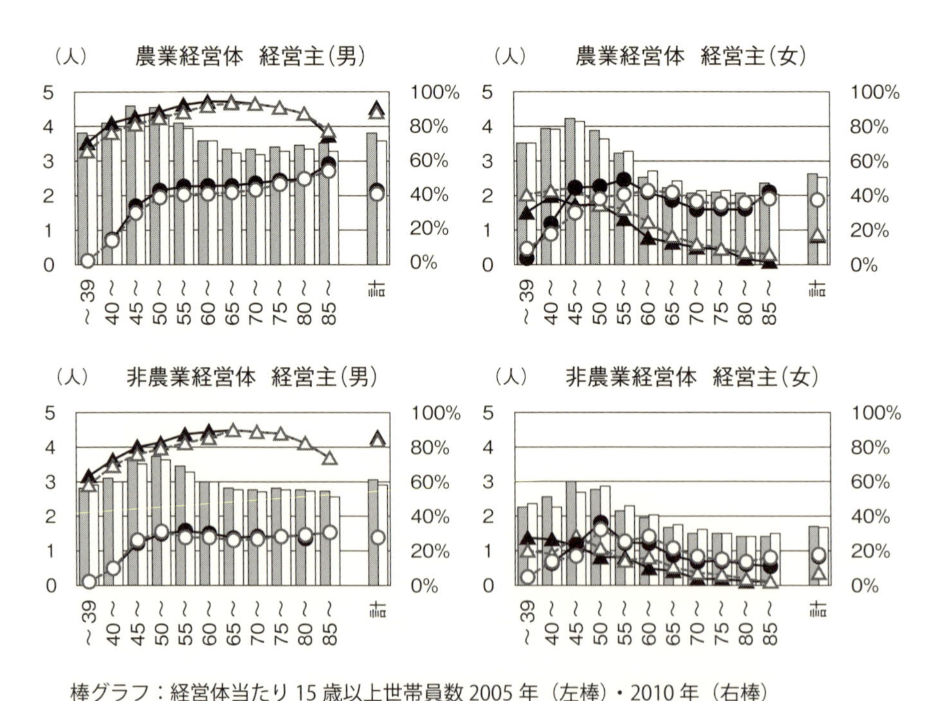

棒グラフ：経営体当たり 15 歳以上世帯員数 2005 年（左棒）・2010 年（右棒）
▲：経営主の配偶者がいる経営体の割合 2005 年（右目盛）　△：2010 年
●：後継者のいる経営体の割合 2005 年（右目盛）　○：2010 年

図７－３　経営体当たり 15 歳以上世帯員数、配偶者・後継者のいる経営体率（2005・10 年）（家族保有経営体）

比べ、世帯員数も後継者のいる割合も小さい。

３．世帯員の自営林業従事状況

経営主を含む世帯員の自営林業従事状況を、調査の行われた2005年データにより見よう。図７－４は、農業・非農業経営体と経営主男・女のそれぞれについて、経営主年齢ごとの自営林業従事世帯員数（従事日数１日以上）の経営体当たり平均人数を、世帯員属性別（経営主・経営主の配偶者・後継者・その他世帯員）に分けて示したものである。

農業経営体・経営主男の場合、従事人数は平均1.1人で、経営主が40代から80代前半までほぼ1.0人余の水準となっている。投下労働日数[6]は、

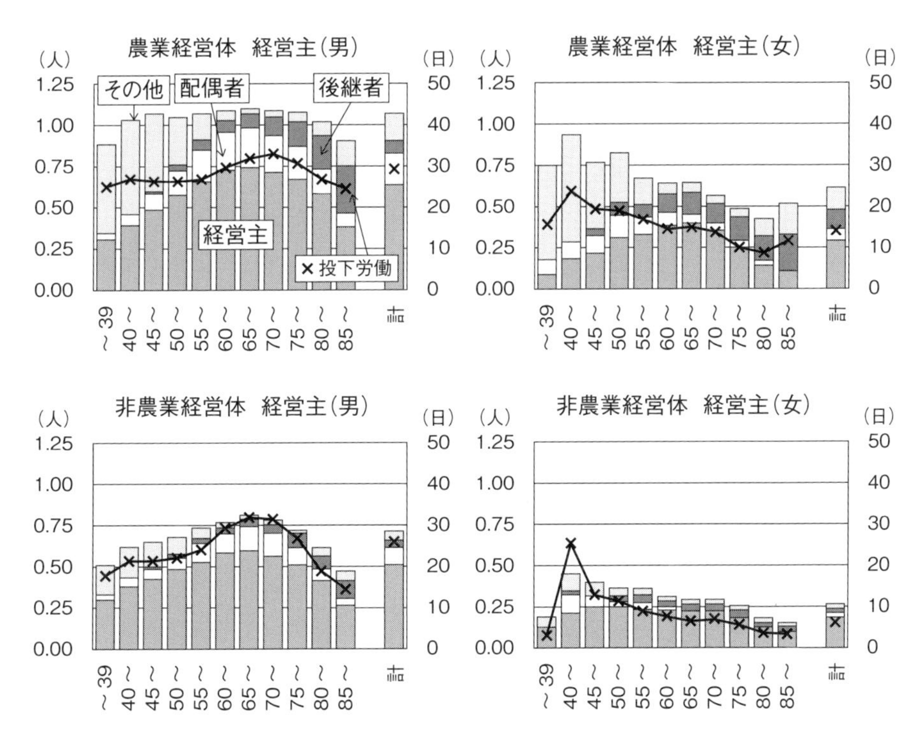

棒グラフ：経営体当たり自営林業従事人数（経営主、経営主の配偶者、後継者、その他世帯員別）
×：経営体当り投下労働日数（従事日数階級別人数と階級値の積の合計）（右目盛）

図７－４　経営体当たり自営林業従事人数、投下労働日数（2005年）（家族保有経営体）

60～70代が30日程度で最も多い。従事者の内訳は、経営主が60代では自身が従事者の3分の2を占め、これに配偶者の従事が2割加わる。経営主が70～80代では後継者の従事が増え、80代後半では3分の1を占める。一方、若い経営主の場合は、その他世帯員（主に親世代）の従事人数が過半を占める。

農業経営体・経営主女の場合、従事人数は平均0.6人であった。経営主自身の従事は60代で多いが経営主男の場合の半分程度であり、後継者の従事はあるものの、配偶者はこの年齢層での少なさを反映して従事はわずかしかない。若い経営主では、その他世帯員の従事が多く、配偶者の従事も若干加わって、経営体としては経営主男の場合と遜色ない0.8人前後の従事人数となっている。全体として、経営主年齢が高いほど従事人数が少ない形となっている。

非農業経営体・経営主男では、従事者数は60代でも0.8人程度、平均で0.7人と少なく、また経営主以外の従事が農業経営体に比べて少ない。経営主女では平均0.2人と非常に少なく、ただ若齢層でやや多いのは農業経営体と同様である。

このように、世帯員の自営林業従事は、経営主年齢・性別に応じた世帯員構成に沿った形で各属性の世帯員が従事している様子が窺われる。

ところで、世帯員個々において、林業従事と農業従事はどのような関係にあるだろうか。表7－2は、農業経営体の15歳以上世帯員について、自営農業従事日数別に自営林業従事者の割合を見たものである。1年間の生活の主な状態が主に自営農業の者の場合、農業従事30日以上であれば5割前後が自営林業に従事しており、林業従事者の主な給源となっている。主に他に勤務の者の場合、農業従事しなかった者の林業従事はわずかだが、農業従事30日以上では半数程度に上る。主に農業以外の自営業の者でも、農業従事があると林業従事率が高い傾向が見られる（この区分には林業を主とする者も含まれ、林業従事30日以上の割合も高い）。仕事を主としない者でも、農

表７－２　15歳以上世帯員の自営農業従事日数別の自営林業従事状況
（家族保有農業経営体、2005年）

	1年間の生活の主な状態が 仕事が主									主な状態が 家事・育児、学生、その他		
	主に自営農業			主に他に勤務			主に農業以外の自営業					
自営農業従事日数	人数	林業従事割合	同30日以上	人数	林業従事割合	同30日以上	人数	林業従事割合	同30日以上	人数	林業従事割合	同30日以上
従事しなかった				31,236	2%	0%	2,319	11%	6%	69,688	1%	0%
1～29日	1,117	29%	3%	62,018	17%	1%	6,428	35%	12%	38,198	11%	1%
30～59日	5,230	62%	12%	28,752	41%	5%	4,577	59%	25%	18,301	21%	2%
60～99日	14,759	53%	13%	20,069	50%	8%	3,527	64%	30%	9,423	17%	3%
100～149日	23,683	50%	15%	7,882	55%	11%	1,872	67%	30%	3,662	19%	3%
150～199日	26,312	50%	16%	1,368	55%	12%	366	63%	25%	1,315	16%	2%
200～249日	29,198	48%	13%	76	57%	20%	16	81%	38%	250	21%	4%
250日以上	49,300	42%	9%	21	43%	5%	7	43%	14%	165	14%	4%
計	149,599	48%	12%	151,422	25%	3%	19,112	47%	20%	141,002	8%	1%

業従事していれば林業従事率が十数％あり、引退した高齢層なども林業従事に若干の地位を占めている。このように、農業経営体では、農業に従事しない世帯員の林業従事は少ないが、農業従事30日以上の者の林業従事率は高く、農業従事と林業従事は密接な関係にあることが分かる。

４．経営主年齢・性別に見た家族保有経営体の経営活動状況

前節では、経営主年齢・性別を軸として、世帯員とその自営林業従事状況を観察したが、経営体としての経営活動には違いが見られるだろうか。図７－５、７－６は、農業・非農業経営体と経営主男・女のそれぞれについて、経営主年齢ごとの林業作業（過去１年間）の植林、下刈りなど、間伐、主伐の各実施率（2005・10年）と、作業を実施したうち委託を行った委託率（2005年）を見たものである。

経営主男の場合、植林では、経営主年齢が60代後半～70代で実施率が高く、若齢層でもやや高くなっている。農業経営体と非農業経営体では２％程度の差があるが、似たような実施率の形状である。下刈りなどでは、70代に山があるが年齢による実施率の差は比較的小さい。間伐の実施率は、60代後半をピークとする明瞭な山を描いている（なお、2010年の利用間伐で

は年齢を通じて10％程度の実施率であった）。これらと違って主伐では、経営主年齢による実施率の差は小さく、わずかに若齢層で高い。

経営主女の場合はいずれの作業でも若齢層で実施率が比較的高く、40代では経営主男の場合と遜色ない水準であるが、年齢が上がるほど実施率は低くなっている。

林業作業の委託率は、農業経営体では、植林・下刈りなどでは年齢を通じてあまり差はなく、間伐、主伐では60～70代でやや低くなっている。非農業経営体でも同様の傾向だが、全般に委託率は高い。経営主女の場合はさら

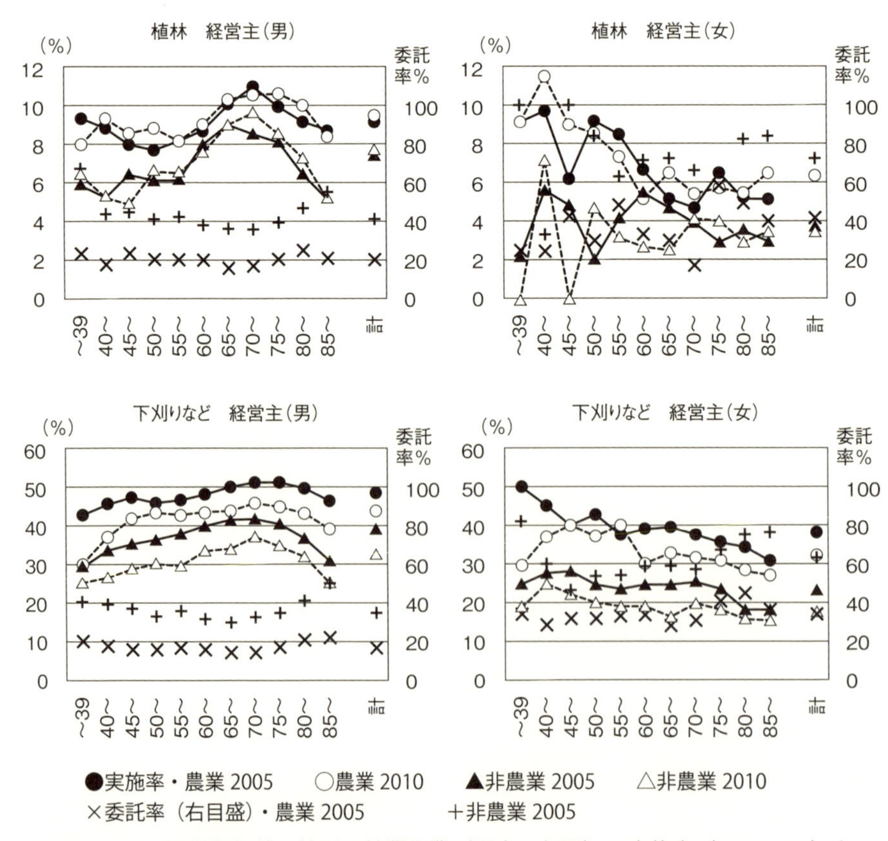

図7－5　経営主年齢・性別の林業作業（過去1年間）の実施率（2005・10）と委託率（2005）植林、下刈りなど（家族保有経営体）

に委託率は高いが、特に間伐や主伐では高齢層で高い傾向となっている。

以上のように、林業作業実施状況は経営主年齢・性別により差があり、前節で見た経営主年齢・性別の従事者状況（経営主男では60～70代で従事者ないし投下労働日数が多め、女では高齢で少ない）と、概ね相応したものとなっている。ただ、年齢別傾向には各作業間で若干相違もあり、また主伐では年齢別の差があまりない。主伐の場合、図７－６の高い委託率が示すとおり他の作業に比べ自家労働での実行は少なく、その実施率は、経営主年齢による従事者状況の差にあまり関係しないと考えられる（なお、保有山林の人

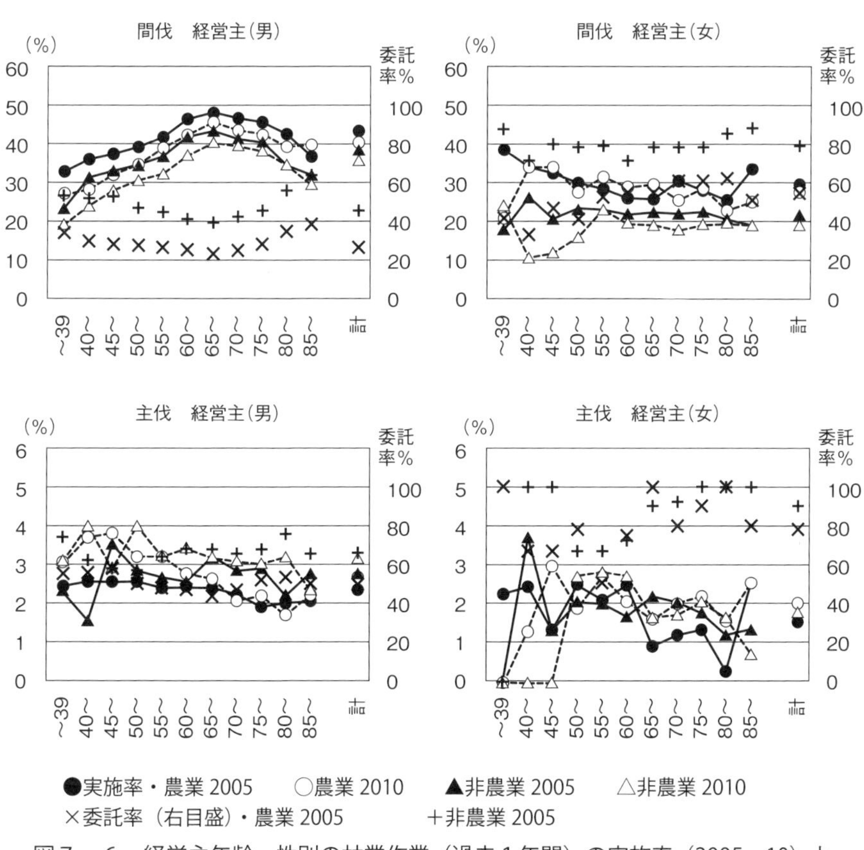

図７－６　経営主年齢・性別の林業作業（過去１年間）の実施率（2005・10）と委託率（2005）　間伐、主伐（家族保有経営体）

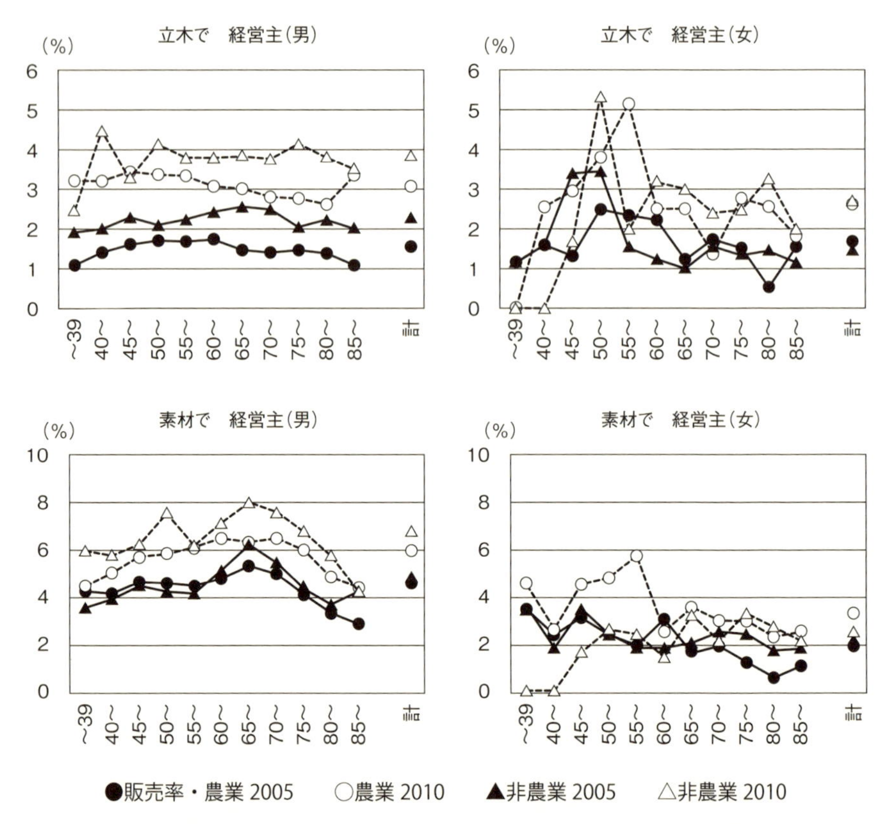

図7－7　経営主年齢・性別の林産物販売率（2005年・10年）（家族保有経営体）

工林率・人工林齢級構成は、経営主年齢による違いは見られなかった)。

次に、林産物販売率を見たのが図7－7である。経営主男の場合、素材で販売した割合は60～70代で山をなす形状をしており、年齢別従事者状況と相応している。一方、立木で販売した割合は経営主年齢を通じて差は小さく、これは自家労働を要しないので年齢別従事者状況に関係しないためと考えられる。経営主女では実数が少ないため年齢別の値の差が大きいが、立木・素材とも若齢層で割合の高い傾向が見られる。農業・非農業経営体の間では、水準は差があるものの、年齢別販売率の形状は類似していた。

5.　世帯の世代数と経営活動状況

本節では、世帯の観点から世帯規模縮小の影響を検討するため、家族保有経営体を世代数で区分し、世代数と山林や経営活動状況の関連を分析する。

まず世代数区分の方法であるが、2000・05年農林業センサスの集計では、販売農家の分類として「家としての世代構成」が用いられた。また2000年から、農業従事者の世代構成を表わす「家族経営構成別分類」が採用されている。本章では前者を参考に、世帯員の続柄により世帯の世代数を判定し、１人／１世代／２世代／３世代等世帯、と区分した7)。

表７－３は、世代数別に世帯数、世帯当たり世帯員数、女性経営主率を見たものである。2005年には３世代等世帯が41％を占め、２世代29％、１世代23％、１人世帯６％であった。３世代等世帯は、農業経営体では48％を占めるが、非農業経営体では25％に過ぎない。１人世帯は、農業経営体での３％に対し、非農業経営体では14％に上る。2010年の３世代等世帯の割合は36％と若干低下した。平均世帯員数は、2005年3.9人・10年3.7人であった。このように、世代数・世帯員数は５年間で若干縮小しているが、国勢調査による３世代世帯割合（2005年９％・10年７％）や一般世帯の１世

表７－３　世代数別の経営体概況、山林状況（家族保有経営体）

	経営体数と構成比				女性経営主率	継続率	平均保有山林面積	村外面積率	任せ面積率	人工林率	世帯員数	15歳以上世帯員数	自営林業従事者数
	計	構成比	農業経営体	非農業経営体									
	(経営体)						(ha)				(人)	(人)	(人)
2005年計	176,664	100%	100%	100%	7%	53%	13.0	15%	7%	65%	3.9	3.5	0.9
１人	11,174	6%	3%	14%	53%	39%	15.4	27%	15%	61%	1.0	1.0	0.3
１世代	40,820	23%	20%	31%	1%	49%	13.0	15%	7%	65%	2.0	2.0	0.8
２世代	52,054	29%	29%	29%	5%	54%	13.3	16%	7%	66%	3.3	3.2	0.9
３世代等	72,616	41%	48%	25%	3%	56%	12.3	11%	4%	66%	5.8	4.9	1.1
2010年計	124,017	100%	100%	100%	7%		14.3				3.7	3.3	
１人	8,543	7%	4%	15%	51%		15.4				1.0	1.0	
１世代	30,815	25%	22%	33%	1%		14.5				2.0	2.0	
２世代	39,833	32%	33%	30%	6%		14.7				3.2	3.1	
３世代等	44,826	36%	41%	22%	4%		13.5				5.7	4.8	

注１）村外面積率：保有山林のうち居住・所在する市区町村外に所在の面積率
注２）任せ面積率：保有山林のうち他人に管理をまかせている面積率

帯当たり人員（2005年2.6人・10年2.4人）と比べれば、依然として高い値である。３世帯等世帯の割合は、東北で５割を超えるほか東日本で高く、西日本および北海道で低いという、一般の世帯と似た地域別傾向が見られる。

１人世帯の特徴は女性が多いことで、2005年は53％が女性であった。あるいは、女性経営主のうち半数は１人世帯であり、４分の１が２世代、２割が３世代等世帯に居る。経営体の継続率は39％と低い。

保有する山林面積の平均は、１・２・３世代等世帯では差がないが、１人世帯はやや大きい。また１人世帯は、山林が居住市区町村外にある面積率、他人に管理をまかせている面積率が高くなっており、やや不在村所有の傾向が見られる。自営林業従事者数は、１人世帯では１戸当たり0.3人と当然ながら少なく、１・２・３世代等世帯では0.8・0.9・1.1人と差は小さい。

保有山林の林業作業実施率・林産物販売率・林業作業委託率（表７－４）を見ると、１・２・３世代等世帯の差はほとんどない。一方、１人世帯では、作業実施率・林産物販売率が明らかに低く、作業委託率は高い。ただ、立木販売率は同水準であった。

以上、経営体を世代数で分けて観察すると、１人世帯の活動の低調さが際立っている。これは、前節で見たように高齢女性経営主世帯で活動が低調なことの裏返しになっている。一方、１・２・３世代等世帯は、山林や林業活

表７－４　世代数別の林業作業実施率、林産物販売率、作業の委託率（家族保有経営体）

	林業作業（過去１年間）実施率				林産物販売率		作業実施のうち委託率			
2005年	植林	下刈りなど	間伐	主伐	立木で	素材で	植林	下刈りなど	間伐	主伐
１人	5%	30%	28%	2.0%	1.6%	2.8%	50%	45%	58%	77%
１世代	9%	44%	43%	2.4%	1.8%	4.9%	29%	26%	35%	58%
２世代	8%	44%	41%	2.6%	1.8%	4.6%	26%	22%	32%	56%
３世代等	9%	48%	42%	2.4%	1.7%	4.4%	23%	20%	30%	53%
2010年										
１人	5%	25%	26%	1.9%	3.2%	3.8%				
１世代	9%	39%	40%	2.6%	3.2%	6.4%				
２世代	9%	40%	38%	2.9%	3.2%	6.1%				
３世代等	9%	43%	39%	2.9%	3.2%	5.9%				

動の状況に大きな違いは見られず、林業従事者数もいずれも１人程度で差は小さい。

６．世帯の経営主交代と経営活動状況の変化

世帯の観点からもう１つの分析として、経営継承と経営活動変化の関係を検討する。経営主交代はどの程度起きているか、誰から誰に交代するかで経営活動変化に相違はあるだろうか。

仙田ら（2013）は、2005・10年センサスの継続販売農家について、経営者継続・交代パターン別に見た経営耕地面積の変化や農産物出荷先の変化を分析している。そのパターン設定に倣い（パターン数は若干簡略化）、継続経営体を対象に、05・10年の両経営主の年齢差（から５歳を引いた値）が±２歳以内で同性の場合は同一者と見做して「経営主継続」、±15歳以内は「同世代交代」、＋16歳以上、－16歳以上の場合は「若齢化」「高齢化」の交代があったものとして、パターンを判定した。

表７－５に、判定した経営主交代パターン別の経営体数、および世代数別、農業・非農業経営体別の交代パターン構成比を示す。経営体数の86％では経営主が同じで、残り14％の経営体で交代が起きたと判定された[8)]。内訳は同世代交代４％、若齢化８％、高齢化２％で、仙田ら（2013）の示す販売農家の値と同程度であった。交代パターンの半数は「31：若齢化（男→男）」で、他に「21：同世代交代（男→男）」「22：同世代交代（男→女）」「41：高齢化（男→男）」が多い。世代数別には、１世代世帯で交代したうち「22：同世代交代（男→女）」が半数を占めるが、そのほとんどは経営主が不在となり配偶者へ交代したものである。２・３世代等世帯では、「31：若齢化（男→男）」が多い。なお数字は省略するが、経営主年齢別に見た交代率は、50代で低く、高齢および若齢で高くなっている。

続いて経営活動変化を検討するが、件数がわずかなパターンは言及しない。なお、同世代交代（同性間）および高齢化のパターンは、誤判定のおそ

表7－5　経営主交代パターン別経営体数（家族保有継続経営体）

経営主交代パターン				計		世代数（05年）別構成比				農業	非農業	（参考）
番号	パターン		判定条件		構成比	1人	1世代	2世代	3世代等	経営体	経営体	販売農家
	計			92,655	100%	4,309	19,849	27,818	40,679	63,291	21,208	1,520,790
11	経営主	男	同性で	76,119	82.2%	40.3%	88.3%	83.8%	82.5%	85.0%	75.4%	82.0%
14	継続	女	±2歳以内	3,532	3.8%	44.4%	0.5%	3.1%	1.6%	1.9%	9.0%	3.0%
21	同世代	男→男	±3～15歳	1,487	1.6%	3.8%	2.1%	1.6%	1.1%	1.2%	2.5%	2.0%
22	交代	男→女	±15歳以内	1,979	2.1%	0.5%	5.6%	1.7%	0.9%	1.3%	3.6%	2.0%
23		女→男	±15歳以内	251	0.3%	0.3%	0.4%	0.3%	0.2%	0.3%	0.3%	0.0%
24		女→女	±3～15歳	193	0.2%	3.0%	0.0%	0.1%	0.0%	0.1%	0.7%	0.0%
31	若齢化	男→男	若齢化で	6,312	6.8%	2.4%	2.8%	6.4%	9.5%	7.3%	5.4%	7.0%
32		男→女	16歳以上	294	0.3%	0.2%	0.2%	0.4%	0.4%	0.3%	0.4%	0.0%
33		女→男		586	0.6%	4.0%	0.0%	0.6%	0.6%	0.5%	0.9%	1.0%
34		女→女		88	0.1%	0.5%	0.0%	0.1%	0.1%	0.0%	0.2%	0.0%
41	高齢化	男→男	高齢化で	1,397	1.5%	0.5%	0.1%	1.3%	2.4%	1.7%	1.0%	2.0%
42		男→女	16歳以上	330	0.4%	0.0%	0.0%	0.5%	0.5%	0.3%	0.5%	0.0%
43		女→男		58	0.1%			0.1%	0.1%	0.1%	0.0%	0.0%
44		女→女		29	0.0%	0.1%	0.0%	0.0%	0.0%	0.0%	0.1%	0.0%

注1）05・10年とも保有経営体である家族経営体について集計した。
注2）農業（非農業）経営体は、05・10年とも農業（非農業）経営体である経営体について集計しており、合計しても全体計とは合わない。
注3）販売農家の交代パターン構成比は、仙田ら（2013）の表2の数値から本表に合わせて筆者が再集計した。

れもあるが[9)]、そのまま扱った。

図7－8左図は、経営主交代パターンごとに、林業作業実施率（過去1年間にいずれかの作業）の2005・10年の値をプロットしたものである。全体として実施率は低下しているが、「11：継続（男）」（2005年71%・10年64%）を基準とすると、「31：若齢化（男→男）」「21：同世代交代（男→男）」はそれに近い位置にある。一方、「22：同世代交代（男→女）」は05年57%・10年39%と大きく低下し、10年の水準は「14：継続（女）」（05年42%・10年36%）並みとなっている。同右図の林産物販売率についても、林業作業実施率と同様な結果が観察された。なお、「31：若齢化（男→男）」の販売率変化が「11：継続（男）」と同程度であるなど、経営主交代で林産物販売が促された様子はあまり読みとれない。

図7－9は、05・10年の間の保有山林面積の増減について、交代パター

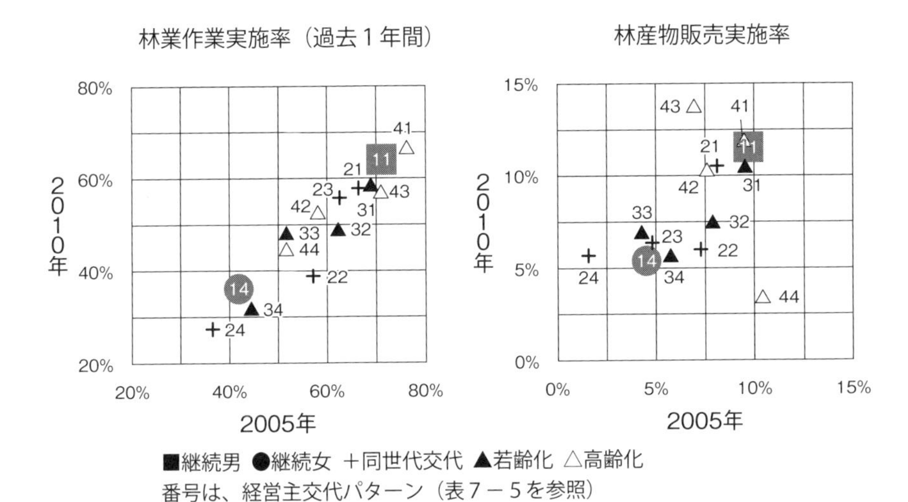

図７－８　経営主交代パターンと林業作業実施率、林産物販売率（家族保有継続経営体）

ンごとに、1 ha 以上増加した経営体割合と 1 ha 以上減少した割合をプロットしたものである。「11：継続（男）」（増加 17%・減少 14%）と、「31：若齢化（男→男）」「21：同世代交代（男→男）」はほぼ同じ位置にある。一方、「22：同世代交代（男→女）」は増加９%・減少 11%と減少した経営体の方が多く、「14：継続（女）」（増加 10%・減少９%）と近い位置にある。この図では右上に位置するほど、面積が増減した割合が高いことを示しており、「14：継続（女）」や「22：同世代交代（男→女）」は面

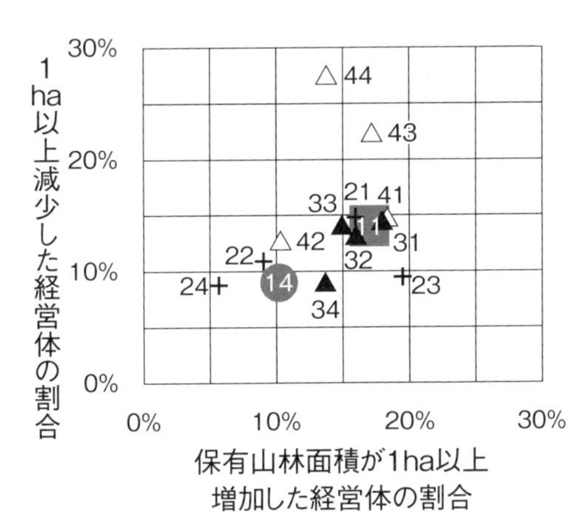

図７－９　経営主交代パターンと林業作業実施率、林産物販売率（家族保有継続経営体）

積増減の動きが少なかったことになる。

以上、経営主交代パターンと経営活動変化の観察では、「31：若齢化（男→男）」「21：同世代交代（男→男）」は、「11：継続（男）」の変化と違いは見られず、これらのパターンでは経営主交代は影響しなかったといえる。一方、「22：同世代交代（男→女）」では活動水準が低下し、「14：継続（女）」の変化と近くなっていた。

表7－6　経営主交代パターン別の経営体当たり5歳以上世帯員数（家族保有継続経営体）

（人／経営体）

番号	交代パターン	2005年	2010年
	計	3.6	3.3
11	継続_男	3.6	3.4
14	継続_女	1.9	1.8
21	同世代_男→男	3.1	3.0
22	同世代_男→女	2.8	1.9
23	同世代_女→男	3.3	3.2
24	同世代_女→女	1.6	1.6
31	若齢化_男→男	4.3	4.0
32	若齢化_男→女	3.9	3.2
33	若齢化_女→男	2.7	3.1
34	若齢化_女→女	2.5	2.4
41	高齢化_男→男	4.5	4.3
42	高齢化_男→女	3.5	2.8
43	高齢化_女→男	4.0	3.7
44	高齢化_女→女	2.9	2.4

活動低下の要因として従事者数減少が考えられるが、ここでは従事者数の代わりに2005・10年で直接比較可能な15歳以上世帯員数の経営体当たり平均を見る（表7－6）。全体として世帯員数は若干減少したが、とりわけ「22：同世代交代（男→女）」では0.9人減少したことで活動低下を招いたと考えられる。「32：若齢化（男→女）」も0.7人の減少で、図5－7ではやや活動低下を示していた。一方、「33：若齢化（女→男）」は0.4人の増加で、活動も他のパターンに比べて上昇している。

7．まとめ

本章では、経営主を含む世帯員と世帯の状況に着目して、家族保有経営体の経営活動分析を試みた。まず、経営主年齢・性別による世帯員の自営林業従事状況の観察では、経営主男では60～70代で経営主の従事が多く、これを配偶者が補完し、若齢の場合は親などその他世帯員が、高齢の場合は後継者が従事するという、世帯員構成に応じた従事状況が窺われた。経営主女の場合は、経営主の従事自体が少なく、若齢層ではその他世帯員の従事で補完されるが、高齢層では配偶者がほとんどおらず、後継者による若干の補完にとどまり、従事者数は少ない状況だった。非農業経営体では、農業経営体より世帯員数および経営主以外の世帯員の従事が少なく、経営体として従事者が少なくなっていた。

経営主年齢・性別に見た林業作業実施・林産物販売状況は、植林・下刈りなど・間伐の実施率および素材での販売率は60〜70代で高く、従事者数の多寡と概ね相応していた。ただ、各々の実施率や販売率の年齢別分布には相違もあった。また、主伐実施率と立木販売率は年齢による差が小さく、これらは自家労働を（あまり）用いないので経営主年齢別の従事者状況と関係が薄いことが現われていた。なお、経営主交代により林産物販売が促されるような関係は、第６節の経営主交代パターン別林産物販売率の観察では見られなかった。

従来から農林業センサスや林業構造動態調査等で、経営体の従事者数と経営活動との正の関係は明らかにされてきたが、本章では経営主年齢・性別に、従事者の属性を含めて詳しく見た。今回の観察は、世帯のライフサイクルの断面であり同一世帯の経年変化を追ったものではないが、今後の調査も活用して、世帯状況と経営活動との関係の理解が深まることが期待される。

世帯の世代数による観察では、４つに区分したうち１・２・３世代等世帯の経営活動の差は小さかった。農業では、農家の多世代世帯構成が崩れて農業労働力の基盤である世帯規模が縮小し、一方で重世代経営（従事者が２世代・３世代等の家族経営）は減少しているものの大規模層・専業層において高い割合を占め、投下労働や経営耕地面積を拡大する方向にある、とされる(澤田、2013)。林業の場合は、世代数が１世代以上であれば経営活動にそれほど違いはないようである（ただし注７のとおり従事者世代数による分析は今回行ってない)。

一方、世代数区分のうち1人世帯（半数は女性）の経営体は、数は多くないが、活動が低調であった。また、経営主が男性から女性に交代した場合（その多くは1世代世帯で夫から妻へ）は活動低下の傾向が認められた。第4節で見たように女性経営主でも若齢層では男性に近い活動水準であることを鑑みると、こうした活動低調・水準低下は、経営者の性別というより、世帯員数の少なさおよびその減少がもたらす結果と理解できよう。1人世帯経営体は継続率が低いことも考え合わせると、こうした経営主交代により、山林管理が行き届かなくなることや、センサス調査対象に残らず実態がつかめなくなることが懸念される。

もっとも、表7－7に示すように、2005年1人世帯の8％にあたる906経営体が10年には1・2・3世代等世帯に異動しており、世代数は必ずしも縮小するだけではない。これら世代数間の異動推移は、次回2015年センサスの結果も接続できれば、一層明らかになるだろう。

ところで、家族保有経営体の林業労働力[10)]について、2005年センサスでは世帯員ごとの自営林業従事状況が調査されたことで、世帯員個々の農業従事・林業従事の関係、世帯員属性別の林業従事状況など詳細分析が可能であった。その設問が10年センサス以降なくなったことは極めて残念だが、経

表7－7　世代数別経営体数の2005・10年の異動（家族保有経営体）

	2010年				継続計	退出	2005年計
2005年	1人	1世代	2世代	3世代等			
1人	3,407	266	482	158	4,313	6,861	11,174
1世代	1,620	15,619	1,849	775	19,863	20,957	40,820
2世代	1,177	5,504	17,828	3,348	27,857	24,197	52,054
3世代等	337	2,085	9,413	28,882	40,717	31,899	72,616
継続計	6,541	23,474	29,572	33,163	92,750	83,914	176,664
2010年参入*	2,002	7,341	10,261	11,663	31,267		
2010年計	8,543	30,815	39,833	44,826	124,017		

注）2010年参入は、2005年の非家族・非保有だった経営体を含む。

営主年齢・性別や世帯員構成を指標とする世帯変動は引き続き把握可能である。どんな世帯で誰が林業経営に従事しているのか、世帯変動はどう影響するのか。今後も、世帯員の行動を把握し、世帯として分析可能な調査の継続が望まれる。

注

１）経営主・後継者は、農業経営体であれば、農業についてと見なすのが自然だろう。

２）世帯員の詳細集計のため、各世帯の15歳以上世帯員をデータベース化して用いた（山林非保有を含む全家族経営体で2005年616,641人、10年417,745人）。ただ、世帯内の世帯員全員の照合は困難が多く、本章では経営主のみ照合して作業に用いた。

３）世帯内の複数経営体は除外して集計した（ここでの除外数は05年23・10年24）ので、本章では経営体と世帯は同義である。

４）世帯員ごとの林業従事日数が調査されたのは、過去には1970・80・90年の農家調査票のみである（林家調査票では、従事日数別人数の調査）。その意味で、2005年センサスはすべての家族経営体を対象に設問された、唯一の貴重な調査だったことになる。

５）経営主と世帯主が異なる世帯は６％あり、経営主の配偶者は、世帯員の世帯主との続柄から該当者を推定した。

６）投下労働日数は、従事日数階級別人数と階級値の積の合計で求めた。階級値には従事日数階級の中央値を当て、従事日数250日以上の階級については275日とした。

７）世帯の世代数は、「2000年世界農林業センサス 第２巻農家調査報告書（総括編）利用者のために」を参考に、15歳以上世帯員の続柄を用いて（および14歳以下世帯員の有無も加味して）４つに区分した。１人世帯＝世帯主１人／１世代世帯＝夫婦（兄弟を含む）／２世代世帯＝子、父母、祖父母、孫のいずれかがいる／3世代等世帯＝3世代いる（その他の続柄—叔父母、従兄弟、甥姪等—の世帯員がいる場合も含む）。農家分類では1人世帯の区分はないが、本章では1人世帯の経営状況を観察するため区分した。

なお、2005年については、世帯員ごとの自営林業従事有無が調査されているので、家族経営構成別分類に倣って従事者世代数分類も試みた（従事者の続柄を経営主との続柄に変換して判定）が、従事者が2世代以上の世帯は1割と少なく、分析には用いなかった。

8）判定した交代率14%は、一般の世帯より高いと思われる。第6回世帯動態調査（国立社会保障・人口問題研究所、2009）によれば、一般の世帯のうち、5年前から同じ世帯主の世帯が87.6%、過去5年間に世帯主交代した世帯が5.0%、新たに形成された世帯が7.4%であった。継続経営体に新たな世帯は含まれないだろうから、世帯主交代と経営主交代を同一視すれば、継続経営体の経営主交代は一般の世帯に比べて多いことになる。要因として、世代数構成の相違が考えられる。なお、交代の過大判定のおそれについては注9を参照。

9）経営主交代パターン判定では、05・10年経営主の年齢差分布を踏まえ、5年後年齢が±2歳以内かつ同性の者を同一者と判断したが、これを上回る年齢差や性別不一致でも同一者と推測される回答が散見され、実は同一である経営主を同定できてないおそれがある。

表7－8は、交代前（後）経営主について、交代後（前）に世帯にいるかを判定し（世帯員の中に同じ者がいるかを照合）、その在・不在組み合わせと経営主交代パターンとの関係を見たものである。同世代同性交代（男→男、女→女）のほとんどは、05年経営主は10年不在・10年経営主は05年不在というもので、実は同一者を別人と判定しているかもしれない。

また、高齢化パターンの大半は05・10年とも世帯員である者の間の交代（つまり継続して同居している子から親へ）であり、これが実態を表わすのか判断しかねるところがある。

表7－8　経営主交代パターンと両経営主の在・不在組み合わせ（家族保有継続経営体）

番号	経営主交代パターン		05年経営主は10年世帯員として 在 / 10年経営主は05年世帯員として 在	在 / 不在	不在 / 在	不在 / 不在	計
	計		5,326	561	4,412	2,705	13,004
21	同世代	男→男	30	9	32	1,416	1,487
22	交代	男→女	281	7	1,569	122	1,979
23		女→男	180	30	13	28	251
24		女→女	1		1	191	193
31	若齢化	男→男	3,001	326	2,306	679	6,312
32		男→女	122	19	113	40	294
33		女→男	277	116	102	91	586
34		女→女	33	6	21	28	88
41	高齢化	男→男	1,123	35	152	87	1,397
42		男→女	214	11	89	16	330
43		女→男	48	1	9		58
44		女→女	16	1	5	7	29

注1）05・10年とも保有経営体である家族経営体について集計した。
注2）経営主の世帯員としての在・不在は、05年（10年）の経営主と10年（05年）の15歳以上世帯員とを照合して判定した（年齢差±2歳以内で同性の者を同一者とみなした）。

なおこの表から、同世代交代（男→女）の大半は、おそらく夫が不在となり妻が経営主となったものであること、若齢化パターンでは、経営主が交代後も世帯にいる場合といない場合の両方がある、といったことが読みとれる。

10）本章では、2005・10年の林業労働力全般の比較検討は行わなかった。05年の林業労働力に関する設問は、①世帯員の自営林業従事日数別の従事有無、②林業経営の仕事に従事したすべての人の従事日数別人数（1世帯1経営の世帯員は除く）、10年は③世帯員又は経営の責任者・役員・山林の共同保有者の林業経営従事日数別人数、④常雇い人数・従事日数計、⑤臨時雇い人数・従事日数計となっており、家族経営体であれば概ね①と③、②と④⑤が対応しよう。しかし、③の回答は、経営体のすべてで1人以上従事者ありとなっている。これは経営従事を問う設問意図どおりかもしれないが、①では家族経営体177,789のうち従事者ありは113,247と3分の2に過ぎず、①と③の直接比較は残念ながら意味がない。また②③は、件数はわずかだが誤記入と思われる回答のため、集計値は相当過大と判断せざるを得なかった。そのため②と④⑤の比較も行わなかった。本章では世帯員の林業従事に着目したので、①のみ分析に用いている。

参考までに、①と③について上記影響をなるべく取り除いた比較として、従事日数30日以上の者がいる経営体の割合を見ると、2005年17％・10年16％と同程度であった。

参考文献

国立社会保障・人口問題研究所（2009）第6回世帯動態調査概要、世帯の継続と変化、13-15. http://www.ipss.go.jp/ps-dotai/j/DOTAI6/NSHC06_top.asp

澤田守（2013）家族農業労働力の脆弱化と展望．安藤光義編著『日本農業の構造変動―2010年農業センサス分析』、農林統計協会、31-67.

佐藤宣子（2009）家族林業経営体の実態とその持続可能性．餅田治之・志賀和人編著『日本林業の構造変化とセンサス体系の再編―2005年林業センサス分析―』、農林統計協会、101-114.

仙田徹志・島田依佐央・吉田嘉雄（2013）農林業センサスにみる経営継承．農業と経済、2013年6月号：44-55.

第 *8* 章

家族による保有山林経営の多変量解析

林　雅秀

１．はじめに

2005年以降の農林業センサスにおいて2000年までのそれから大きく改正された点の１つは、林業経営体調査と農業経営体調査の調査票が統一された点である。これにより、センサスの調査対象である林業経営体が農業経営体の定義にも当てはまる場合には、同じ経営体について、センサス調査で把握される林業の活動内容と農業の活動内容の両方が調査票レベルで把握できるようになった。この特徴を活かした分析は佐藤（2013）によって行われている。私たちの研究会ではさらに個票利用が認められたため、林業活動と農業活動との間の連関をミクロレベルで分析できるようになった。また、家族林業経営体のミクロレベルの分析結果は前章でも示されているものの、諸変数を統制した重回帰分析は行われていない。そこで本章は、第１に、ミクロデータにより家族林業経営体の農業経営上の特徴を把握すること、そして第２に、家族林業経営体の林業経営活動を規定する要因に関して、重回帰分析によりさまざまな変数の影響を統制した場合の影響を検討することを目的とする。１点目については、家族林業経営体の農業経営上の特徴を明らかにするためにクラスター分析による類型化を試みる。目的の２点目については、主に保育作業と木材販売、ならびに所有面積増減を目的変数として、それらを説明する諸要因について、ロジスティック回帰分析により調べることとしたい。ただし、後述するように、当初のロジスティック回帰分析のモデル適合度は高くないことが明らかとなる。その一方で林業活動の地域性の存在が示唆されたため、その点を都道府県をグループ変数としたマルチレベル・ロジスティック回帰分析によって調べることとした。

２．林業経営体の農業経営上の特徴と林業活動

ここでは、家族林業経営体の農業経営上の特徴を明らかにするために行ったクラスター分析による類型化の結果を紹介する。なお、農業経営の特徴の分類では生産基盤等に係る項目を使用することも考えられるものの、農作物

の種別販売比率や販売額に着目して家族林業経営体の農業経営上の特徴を分類することとした。

分類に用いた変数は、米（水稲・陸稲）販売額割合、畑作（麦類、雑穀・イモ類・豆類、露地野菜、および施設野菜の合計）販売額割合、畜産（酪農、肉用牛、養豚、および養鶏の合計）販売額割合、農産物販売額階級（「1：収入なし」～「17：5億円以上」までの17分類）、世帯の主な収入の種類（0：農業のみ、1：自営農業中心、2：農業以外中心）の計5変数である。なお、センサスで調査されている販売農産物には、上記のほかに、果樹類、花き・花木、その他の作物が含まれる。しかし、これらの農産物の販売額が多い家族林業経営体はそれほど多くないことと、変数を増やしすぎると各類型の特徴の把握が難しくなるという理由から、これらの農産物は分析から除外することとした。また、ここでの分析対象は、保有山林のある家族林業経営体に限定し、非農業経営体も含めることとした。

分類方法としてはクラスター分析の1つであるk-means法を用いた。また、2005年および2010年の分類されたタイプごとの経営体数の変化も調べられるよう、両年のプールド・データを利用することとした。ここでは適切な類型数を筆者が主観的に判断することとして、3～6の類型数で試算した結果、類型数を4とした場合に解釈が比較的容易であると判断した。類型数4の分析結果から、タイプごとの経営体数とタイプごとに見た各変数の代表値を求めると表8－1のようになった。のちの分析で使用する変数も含めて欠測のあるケースを除去した結果、プールド・データは全体で271,400件となった。なお、5変数のうち、農産物販売額階級と中心的な世帯所得はそれぞれのカテゴリー変数の数字をそのまま分析に用いたため、平均値をそのまま解釈するには問題がある。そこでこの2変数については中央値も併記することとした。

クラスター分析によって抽出された各タイプの特徴として、タイプⅠは畑作販売額比率が平均で8割近くと高く、農産物販売額の中央値も6（200～

表８－１　家族林業経営体の農業経営タイプに関するクラスター分析結果
（2005年および2010年のプールド・データ）

タイプ	経営体数	稲販売額比率（割）	畑作販売額比率（割）	畜産販売額比率（割）	農産物販売額階級[1)]		中心的な世帯所得[2)]	
		平均値	平均値	平均値	平均値	中央値	平均値	中央値
I	24,343	1.45	7.77	0.26	6.20	6	1.04	1
II	118,450	0.11	0.06	0.00	1.40	1	1.41	2
III	100,594	9.33	0.39	0.05	3.91	4	1.53	2
IV	28,013	1.39	0.38	3.69	8.27	8	0.85	1
計	271,400							

注１）各カテゴリーは次の通り。１：販売なし、２：15万円未満、３：15～50万円未満、４：50～100万円未満、５：100～200万円未満、６：200～300万円未満、７：300～500万円未満、８：500～700万円未満、９：700～1000万円未満、10：1000～1500万円未満、11：1500～2000万円未満、12：2000～3000万円未満、13：3000～5000万円未満、14：5000万～１億円未満、15：１～３億円未満、16：３～５億円未満、17：５億円以上。
注２）各カテゴリーは次の通り。０：農業のみ、１：自営農業中心、２：農業以外中心。

300万円）で、相対的に高い。中心的な世帯所得の中央値は１（自営農業中心）なので、野菜を中心に積極的な農業経営を行っているタイプといえる。タイプIIは稲、野菜、畜産ともに販売比率は極めて低く、農産物販売額の中央値は１（なし）で、中心的な世帯所得の中央値は２（農業以外中心）であることから、農業以外からの所得が多く農業は自給的な水準にとどまっており、非農業経営体が多くを占めるタイプといえる。次に、タイプIIIは米作販売収入が９割以上と高く、農産物販売額の中央値は４（50～100万円）とそれほど高くはない。中心的な世帯所得の中央値は２と農業以外が中心であることから、稲作兼業農家タイプといえる。最後のタイプIVは畜産販売額比率が４割と相対的に高く、農産物販売額階級の中央値は８（500～700万円）で分析結果の４タイプのなかでは最も高い。中心的な世帯所得は１で農業中心であり、畜産を中心として積極的な農業経営を行うタイプといえる。ここで、以下での便宜のためにあえて各タイプに次の名称を与えることとしたい。すなわち、タイプIは畑作積極経営タイプ、タイプIIは非農家中心タイプ、タイプIIIは稲作兼業タイプ、タイプIVは畜産中心積極経営

表８－２　家族林業経営体の農業経営タイプごとの経営体数と構成比
（2005 年および 2010 年）

年	農業経営タイプごとの経営体数					農業経営タイプごとの構成比（%）			
	I	II	III	IV	計	I	II	III	IV
2005	15,558	78,605	64,673	18,952	177,788	8.8	44.2	36.4	10.7
2010	8,785	39,845	35,921	9,061	93,612	9.4	42.6	38.4	9.7

タイプである。

各タイプごとの世帯数を年次ごとに表したのが表８－２である。2005 年時点では、タイプＩの経営体数は全体の９％ほど、タイプⅡは 44％、タイプⅢは 36％、タイプⅣは 11％となった。これらの構成比は 2010 年においてもそれほど大きな変化はなく、数％以内にとどまっている。あえて指摘するなら、調査対象の家族林業経営体数全体が大きく減少するなかで、畑作積極経営タイプと稲作兼業タイプの構成比がやや上昇していることが分かる。

次に、各タイプごとの林業作業の実施状況について調べるため、2005 年と 2010 年の各年次について、４つの農業経営タイプと保育作業の有無との関連、ならびに、農業経営タイプと木材販売の有無との関連の、合計４つのクロス集計を行った（表８－３）。ここで、保育作業の有無とは、過去１年間に植林、下刈り等、または間伐（切り捨て間伐または利用間伐）のいずれかの作業を行った経営体を「有」とする２値変数、木材販売の有無とは、過去１年間に用材（立木または素材で）またはほだ木用原木の販売を行った経営体を「有」とする２値変数である。

４つのクロス集計の結果、全般的に見れば、林業作業の実施状況とⅠ～Ⅳの農業経営タイプとの間にそれほど強い関係がないことが分かる。ただし、細かく見ると、保育作業実施割合に関しては、2005 年から 2010 年にかけて 83％から 77％へと５％ほど低下していること、いずれの年においてもタイプⅡ（非農家中心タイプ）の経営体はそれ以外の経営体に比べて５％前後実施割合が低いことが分かる。木材販売実施割合に関しては、2005 年か

表８－３　家族林業経営体の農業経営タイプごとの林業活動の実施状況
（2005 年および 2010 年）

農業経営タイプ	2005 年			2010 年		
	経営体数	保育作業ありの割合	木材販売ありの割合	経営体数	保育作業ありの割合	木材販売ありの割合
I	15,558	84%	8%	8,785	77%	11%
II	78,605	79%	7%	39,845	74%	10%
III	64,673	86%	6%	35,921	79%	9%
IV	18,952	86%	8%	9,061	80%	13%
計	177,788	83%	7%	93,612	77%	10%

ら 2010 年にかけて７％から 10％へと約３％ほど上昇していること、いずれの年においてもタイプⅠ（畑作積極経営タイプ）とタイプⅣ（畜産中心積極経営タイプ）の経営体はそれ以外のタイプに比べて実施割合が高いことが分かる。非農家中心タイプも、木材販売の実施においては相対的に低いわけではない。以上のように、農業生産において比較的積極的な経営を展開している２つのタイプで、林業経営に対しても積極的であることが分かった。次節では、保育作業と木材販売の２つの変数に影響している要因について、重回帰分析による分析を行う。

３．家族林業経営体の林業活動に影響する要因についての回帰分析

３．１．世帯の特徴と林業作業の実施状況との連関

本節では、2005 年および 2010 年のデータを用い、過去５年間の保育作業の有無と木材販売の有無の２つを目的変数、世帯の特徴を示す諸変数を説明変数として、ロジスティック回帰分析を行った。結果は表８－４および表８－５の通りである。これらの分析結果全体の特徴として、データの件数が多いため大半の係数は統計的に有意と判断されるものの、疑似 R2 値から判断されるモデル適合度は目的変数が保育作業の場合に２％前後、木材販売の場合に５％前後と非常に低かった。したがって、これら２つの目的変数は、ここで用いた諸項目以外の要因によって説明される側面が大きいものと理解す

表８－４　過去５年間の保育作業の有無を目的変数としたロジスティック回帰分析結果（2005年、2010年）

	2005年					2010年				
	係数	標準誤差	P値[1)]		オッズ比	係数	標準誤差	P値[2)]		オッズ比
(Intercept)	1.230	0.058	< 2.00E-16	***	3.422	1.555	0.064	< 2.00E-16	***	4.733
所有：10-20ha	0.210	0.017	< 2.00E-16	***	1.233	0.138	0.017	2.28E15	***	1.148
所有：20-100ha	0.484	0.021	< 2.00E-16	***	1.623	0.466	0.021	< 2.00E-16	***	1.593
所有：100ha-	0.935	0.078	< 2.00E-16	***	2.547	0.940	0.077	< 2.00E-16	***	2.560
世帯主の年齢（歳）	0.010	0.001	< 2.00E-16	***	1.010	0.006	0.001	2.00E-16	***	1.006
世帯主の性別01	-0.810	0.024	< 2.00E-16	***	0.445	-0.922	0.027	< 2.00E-16	***	0.398
農産物販売額階級	0.029	0.003	< 2.00E-16	***	1.030	-0.012	0.003	7.01E-5	***	0.988
後継者01	0.142	0.017	< 2.00E-16	***	1.152	0.154	0.019	3.35E-16	***	1.166
所得：農業中心	0.378	0.026	< 2.00E-16	***	1.460	0.154	0.027	6.00E-09	***	1.167
所得：農業以外中心	0.305	0.018	< 2.00E-16	***	1.356	0.150	0.019	2.59E-15	***	1.162
世帯員数（人）	0.040	0.008	6.7E-07	***	1.041	0.042	0.009	0.0000052	***	1.043
N	177784					125558				
AIC	161202					130914				
疑似R2	0.023006					0.018857				

1）***：p<0.001、**：p<0.01、*：p<0.05を意味する。

る必要がある。そうした制約を前提の上で目的変数と説明変数の関係を解釈すると、まず、所有規模が大きい経営体ほど、保育作業および木材販売を実施する傾向がある。保育作業では、10ha未満の経営体と100ha以上の経営体のオッズ比は2.5前後である一方、木材販売では同じオッズ比が８～11前後と高い。すなわち、100ha以上の経営体は10ha未満の経営体に比べて10倍前後木材販売をよく実施する傾向がある。また、木材販売については、10～20haの経営体ならびに20～100haの経営体の10ha未満の経営体に対するオッズ比も相対的に高い。このように、所有規模による影響は、保育作業においてよりも木材販売においてより顕著に現れていることが分かる。また、オッズ比はその値が１から離れているほど影響が大きいと判断できるので、オッズ比が0.4～0.5の値を示している世帯主の性別の影響も相対的に大きいことが分かる。これは、種々の説明変数を統制してもなお、女性よりも男性のほうが保育作業および木材販売を２倍程度よく実施する傾向があることを意味している。次に、保育作業についてのモデルと木材販売について

表８－５　木材販売の有無（過去１年間）を目的変数としたロジスティック回帰分析結果（2005 年、2010 年）

	2005 年					2010 年				
	係数	標準誤差	P 値[1)]		オッズ比	係数	標準誤差	P 値[1)]		オッズ比
(Intercept)	-3.131	0.099	< 2.00E-16	***	0.044	-2.017	0.099	< 2.00E-16	***	0.133
所有：10-20ha	0.805	0.025	< 2.00E-16	***	2.236	0.611	0.025	< 2.00E-16	***	1.843
所有：20-100ha	1.512	0.024	< 2.00E-16	***	4.534	1.277	0.024	< 2.00E-16	***	3.585
所有：100ha-	2.418	0.050	< 2.00E-16	***	11.220	2.185	0.052	< 2.00E-16	***	8.887
世帯主の年齢（歳）	0.003	0.001	0.00344	**	1.003	-0.002	0.001	0.048	*	0.998
世帯主の性別 01	-0.556	0.056	< 2.00E-16	***	0.573	-0.596	0.054	< 2.00E-16	***	0.551
農産物販売額階級	-0.001	0.004	0.8938		0.999	-0.001	0.004	8.49E-01		0.999
後継者 01	-0.112	0.025	7.96E-06	***	0.894	-0.029	0.026	0.262		0.971
所得：農業中心	0.705	0.037	< 2.00E-16	***	2.024	0.198	0.036	5.46E-08	***	1.219
所得：農業以外中心	0.400	0.030	< 2.00E-16	***	1.492	0.024	0.028	0.388		1.024
世帯員数（人）	-0.003	0.012	0.81273		0.997	0.013	0.013	0.286		1.014
N	177784					125558				
AIC	79749					75044				
疑似 R2	0.06660322					0.050585				

1）***：p<0.001、**：p<0.01、*：p<0.05 を意味する。

のモデルの適合度を疑似 R2 値によって比較すると、木材販売についてのモデルのほうが適合度が高い。つまり、木材販売に関しては、ここで用いた変数によって説明される分散が相対的に大きいことが分かる。その原因としては、木材販売に関しては先に見た所有規模の説明力が大きいことが影響している可能性が高いことが考えられる。

3．2．地域ごとに見た林業作業の実施状況

前節でみたように、保育作業と木材販売を目的変数とした回帰分析では、いくつかの説明変数の影響を確認することができたものの、モデル全体の適合度は高くなかった。では、これまでに利用した説明変数以外のどのような要因が保育作業の有無と木材販売の有無に影響しているのだろうか。この疑問に対する有力な答えとして地域差が考えられる。そこで、都道府県ごとの保育作業および木材販売の実施状況を見たのが図８－１である。この図から、例えば、保育作業の実施率が最も低い北海道（44.1％）と最も高い埼玉

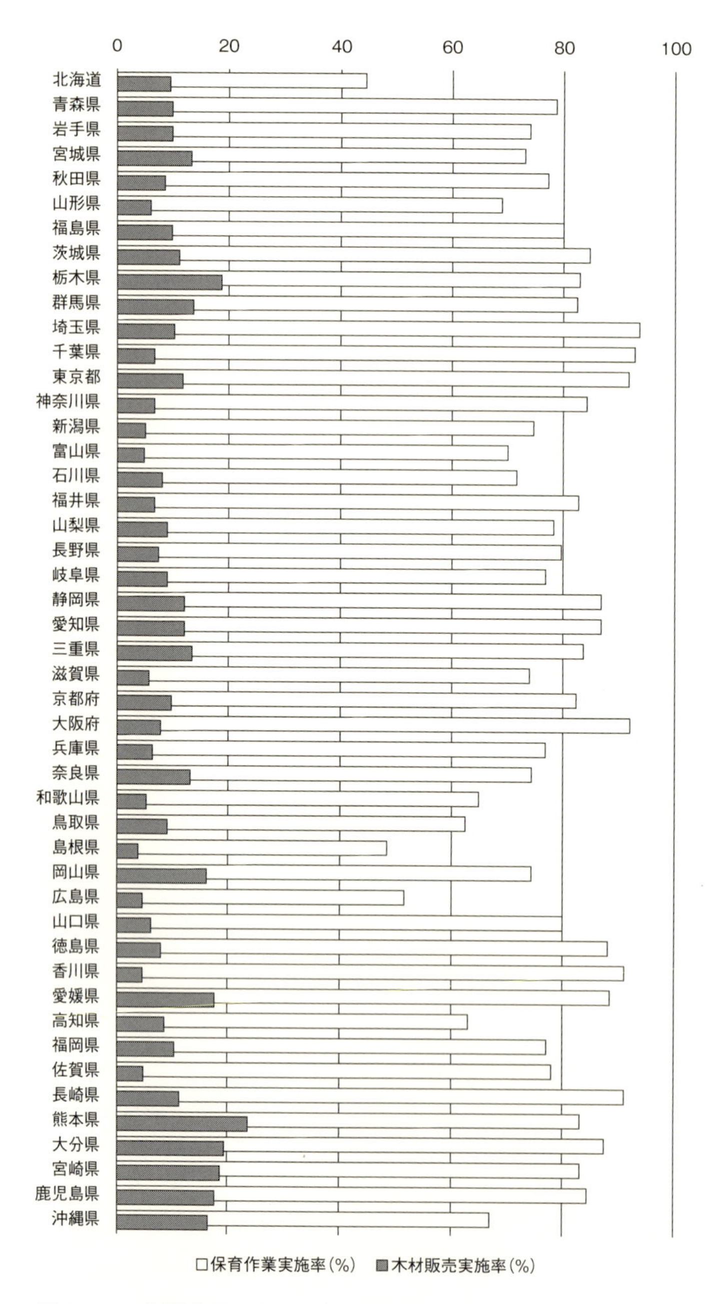

図８－１　都道府県ごとの保育作業実施割合および木材販売実施割合

県（93.6％）とでは、2.1倍の差があることが分かる。また、木材販売の実施率についても、最も低い島根県（3.4％）と最も高い熊本県（23.6％）とでは6.9倍もの差があることが分かる。このように、上に示したロジスティック回帰分析の諸説明変数に含まれる世帯の特徴の影響に比べて、都道府県ごとの差が大きいものと理解できる。

３．３．地域ごとのマルチレベルモデルによる回帰分析

前節でみたように、保育作業の実施傾向と木材販売の実施傾向は地域差が大きいことが分かった。そこで本節では、この地域差が存在するという前提で重回帰分析を行うこととした。具体的には、都道府県をグループ変数としてマルチレベル・ロジスティック回帰分析を行うこととした。

以下では、まず、目的変数の水準（保育作業および木材販売の実施水準）のみがグループ（ここでは都道府県）によって異なると仮定したランダム切片モデルによる分析を行った。次に、目的変数の水準に加えて、どれか１つの説明変数の影響（すなわち係数）もグループによって異なると仮定したランダム切片とランダム係数モデルによる分析を行った。なおその際、沖縄県はデータ件数が少なすぎるためグループとして適切でないと考えられたため、分析から除外した。分析結果の解釈の段階では、切片や係数がグループによって異なると仮定することが適切か否かを判断するためにモデル適合度を表すAICおよびBICを用いることとした。AICとBICは、その値が相対的に小さいほど、モデルがデータによく適合していると判断できる。

保育作業の有無を目的変数、都道府県をグループ変数としたランダム切片マルチレベル・モデルの分析結果は表８－６の通りである。切片がすべての都道府県で共通していると想定したモデルについての分析結果（表８－４）と比較して、2005年についてはAICが161,202から149,098に、2010年についてはAICが130,914から118,560に、それぞれ大きく改善している。このことから、少なくともロジスティック回帰モデルの切片については、都道

表８－６　過去５年間の保育作業の有無を目的変数、都道府県をグループ変数とした
ランダム切片マルチレベル・ロジスティック回帰分析結果（2005 年、2010 年）

	2005 年					2010 年				
	係数	標準誤差	P値1)		オッズ比	係数	標準誤差	P値1)		オッズ比
(Intercept)	1.569	0.117	< 2.00E-16	***		1.850	0.138	< 2.00E-16	***	
所有：10-20ha	0.305	0.017	< 2.00E-16	***	1.356	0.229	0.019	< 2.00E-16	***	1.257
所有：20-100ha	0.571	0.022	< 2.00E-16	***	1.769	0.545	0.023	< 2.00E-16	***	1.724
所有：100ha-	1.045	0.080	< 2.00E-16	***	2.842	1.100	0.081	< 2.00E-16	***	3.003
世帯主の年齢（歳）	-0.823	0.025	< 2.00E-16	***	0.439	-0.860	0.029	< 2.00E-16	***	0.423
世帯主の性別 01	0.011	0.001	< 2.00E-16	***	1.011	0.007	0.001	< 2.00E-16	***	1.007
農産物販売額カテゴリ	0.040	0.003	< 2.00E-16	***	1.041	0.018	0.003	1.62E-08	***	1.018
後継者 01	0.086	0.018	1.38E-06	***	1.089	0.087	0.020	0.0000143	***	1.091
所得：農業中心	0.274	0.027	< 2.00E-16	***	1.315	0.045	0.028	1.14E-01		1.046
所得：農業以外中心	0.274	0.019	< 2.00E-16	***	1.315	0.112	0.020	4.39E-08	***	1.118
世帯員数（人）	0.033	0.008	0.0000916	***	1.033	0.019	0.010	0.0515	.	1.019
N	177784					125558				
AIC	149098					118560				
BIC	149219					118677				

1）***：p<0.001、**：p<0.01、*：p<0.05 を意味する。

府県によって異なると仮定したほうが保育作業の有無を適切に表現したモデルであるといえる。

次に、切片ともう１つの変数の係数が都道府県によって異なると仮定したモデルを考え、説明変数を入れ替えて、各説明変数を投入したモデルの AIC および BIC を示したのが表８－７である。この表から、農産物販売額カテゴリ変数の係数が都道府県によって異なると仮定したモデルの AIC および BIC が、その他の変数の係数が都道府県によって異なると仮定したモデルよりも小さいことが分かる。この結果は、農産物販売額カテゴリが保育作業の有無に与える影響は、都道府県ごとに異なると仮定するのが妥当だということを示している。そこで、具体的に都道府県ごとの係数にどのような違いがあるのかを調べるために、上位３県と下位３道県のオッズ比を見たのが表８－８である。この表から、和歌山県で 1.43、富山県で 1.34、兵庫県で 1.33 などオッズ比が高い、すなわち、農産物販売額カテゴリが保育作業の有無に与える影響が正で比較的大きいことが分かる。農産物販売額カテゴリの

表８－７　過去５年間の保育作業の有無を目的変数、都道府県をグループ変数としたランダム切片とランダム係数マルチレベル・ロジスティック回帰分析の適合度（2005 年、2010 年）

ランダム効果 （下記以外は固定効果）	保育作業（2005 年） （N=177784）		保育作業（2010 年） （N=125558）	
	AIC	BIC	AIC	BIC
切片のみ	149098	149219	118560	118677
切片＋所有規模	149017	149209	118533	118718
切片＋世帯主の年齢	149007	149149	118448	118584
切片＋世帯主の性別	149030	149171	118379	118515
切片＋農産物販売額カテゴリ	147887	148028	117104	117240
切片＋後継者	149001	149142	118456	118593
切片＋所得種類	148853	149014	118237	118392
切片＋世帯員数	148729	148871	118202	118338

係数が都道府県によってランダムではないと仮定した表８－４のモデルでは、この変数のオッズ比は 1.04 と小さく、この変数の影響は一見して小さいのに対して、マルチレベルモデルの分析結果は、実はこの変数の影響の地域差が大きいことを示している。しかし、なぜ、和歌山、富山、兵庫などでは農産物販売額が多いほど保育作業を行う傾向があり、それ以外の地域でそうした傾向が弱いのかは不明である。

続いて、木材販売を目的変数、都道府県をグループ変数としたランダム切片マルチレベル・モデルの分析結果は表８－９の通りである。保育作業の有

表８－８　ランダム切片とランダム係数（農産物販売額カテゴリ）マルチレベル・ロジスティック回帰モデルにおける農産物販売額カテゴリの都道府県ごとのオッズ比（2010 年の上位３県および下位３道県）

オッズ比が高い順	
30 和歌山県	1.427
16 富山県	1.338
28 兵庫県	1.333
オッズ比が低い順	
11 埼玉県	0.825
37 香川県	0.912
01 北海道	0.926

表８－９　木材販売の有無を目的変数、都道府県をグループ変数とした
ランダム切片マルチレベル・ロジスティック回帰分析結果（2005 年、2010 年）

	2005 年					2010 年				
	係数	標準誤差	P値 1)		オッズ比	係数	標準誤差	P値 1)		オッズ比
(Intercept)	-3.634	0.139	< 2.00E-16	***		-2.452	0.128	< 2.00E-16	***	
所有：10-20ha	0.832	0.026	< 2.00E-16	***	2.2977	0.634	0.025	< 2.00E-16	***	1.8858
所有：20-100ha	1.528	0.025	< 2.00E-16	***	4.608	1.288	0.024	< 2.00E-16	***	3.6257
所有：100ha-	2.523	0.053	< 2.00E-16	***	12.463	2.267	0.054	< 2.00E-16	***	9.647
世帯主の年齢（歳）	0.006	0.001	1.13E-09	***	1.0058	0.001	0.001	0.27986		1.001
世帯主の性別 01	-0.541	0.057	< 2.00E-16	***	0.5821	-0.551	0.055	< 2.00E-16	***	0.5763
農産物販売額カテゴリ	0.008	0.005	0.09248	.	1.0076	0.003	0.004	5.36E-01		1.0027
後継者 01	-0.072	0.026	4.97E-03	**	0.9301	-0.016	0.027	0.54586		0.9839
所得：農業中心	0.687	0.038	< 2.00E-16	***	1.987	0.213	0.037	1.10E-08	***	1.2369
所得：農業以外中心	0.477	0.031	< 2.00E-16	***	1.612	0.087	0.028	0.00229	**	1.0907
世帯員数（人）	-0.012	0.012	0.32298		0.9883	0.004	0.013	0.75473		1.004
N	177784					125558				
AIC	75632					72240				
BIC	75753					72357				

1）***：p<0.001、**：p<0.01、*：p<0.05 を意味する。

無を目的変数とした場合と同様に、切片がすべての都道府県で共通していると想定したモデルについての分析結果（表８－５）と比較して、2005 年については AIC が 79,749 から 75,632 に、2010 年については AIC が 75,044 から 72,240 に、それぞれ改善している。したがって、やはり、切片が都道府県によって異なると想定したモデルのほうが、そうでないモデルよりも適切に木材販売の有無を説明しているといえる。

次に、保育作業の場合と同様に、切片ともう１つの変数の係数が都道府県によって異なると仮定したモデルを考え、説明変数を入れ替えて、各説明変数を投入したモデルの AIC および BIC を示したのが表８－10 である。この表から、農産物販売額カテゴリ変数の係数が都道府県によって異なると仮定したモデルの AIC および BIC が、その他の変数の係数が都道府県によって異なると仮定したモデルよりも小さいことが分かる。次に、都道府県ごとの係数にどのような違いがあるのかを調べるために、上位３県と下位３道県のオッズ比を見たのが表８－11 である。この表から、都道府県別のオッズ

表８－10　木材販売の有無を目的変数、都道府県をグループ変数としたランダム切片とランダム係数マルチレベル・ロジスティック回帰分析の適合度（2005年、2010年）

ランダム効果	木材販売（2005年）(N=177784) AIC	木材販売（2005年）(N=177784) BIC	木材販売（2010年）(N=125558) AIC	木材販売（2010年）(N=125558) BIC
切片のみ	75632	75753	72240	72357
切片＋所有規模	75631	75822	72292	72477
切片＋世帯主の年齢	75658	75799	72274	72410
切片＋世帯主の性別	75652	75794	72220	72357
切片＋農産物販売額カテゴリ	75571	75712	72167	72303
切片＋後継者	75642	75783	72243	72380
切片＋所得種類	75658	75820	72229	72385
切片＋世帯員数	75628	75769	72232	72368

比は最大で長野県の1.08、最小で徳島県の0.91で、保育作業ほど、都道府県別のオッズ比に大きな差がないことが分かる。このことは、このモデルのAICの改善幅が切片のみの場合と比べてそれほど大きくないこととも整合的に理解することができる。

これまで、保育作業ならびに木材販売を目的変数としたロジスティック回帰モデルについて、都道府県をグループ変数としたマルチレベルモデルの分析を行ってきた。その結果、切片と、特に農産物販売額カテゴリについて、都道府県ごとに差があると仮定したモデルの適合度が高いことが分かった。

表８－11　ランダム切片とランダム係数（農産物販売額カテゴリ）マルチレベル・ロジスティック回帰モデルにおける農産物販売額カテゴリの都道府県ごとのオッズ比（2010年の上位３県および下位３道県）

オッズ比が高い県	
20 長野県	1.084
19 山梨県	1.075
43 熊本県	1.065
オッズ比が低い県	
36 徳島県	0.910
08 茨城県	0.946
26 京都府	0.947

こうした結果は、林業生産活動の地域性に認めるモデルがより適切であることを意味していると考えられる。ただし、以上まででは、都道府県という地理的範囲が地域性を把握するうえで適切かどうかについては、検討してこなかった。そこで次に、都道府県とは別に、13の地域区分をグループ変数にした場合のモデル適合度を調べることとしたい。13の地域区分とは、北海道、北東北、南東北、北関東、南関東、北陸、東山、東海、近畿、中国、四国、北九州、南九州の13地域である。

分析結果は表8－12の通りである。都道府県をグループ変数としたときの結果と比べると、目的変数が保育作業のときはAICが大きい結果となっている。つまり、グループ変数を13地域区分としたときよりも、都道府県としたときの方がモデルの適合度が高いことが分かる。この結果から、都道府県やそれと同等の地域区分か、もしくはそれよりも小さな地域区分によって階層化したデータが、保育作業および木材販売をよりよく説明できるものと考えることができる。ただし、今回の分析では、データの制約から、都道

表8－12　保育作業ならびに木材販売の有無を目的変数、13地域区分をグループ変数としたランダム切片マルチレベル・ロジスティック回帰分析結果（2010年）

	目的変数：保育作業					目的変数：木材販売				
	係数	標準誤差	P値[1)]		オッズ比	係数	標準誤差	P値[1)]		オッズ比
(Intercept)	1.717	0.197	< 2.00E-16	***		-2.193	0.141	< 2.00E-16	***	
所有：10-20ha	0.202	0.018	< 2.00E-16	***	1.2244	0.635	0.025	< 2.00E-16	***	1.8858
所有：20-100ha	0.512	0.022	< 2.00E-16	***	1.6688	1.277	0.024	< 2.00E-16	***	3.6257
所有：100ha-	1.072	0.080	< 2.00E-16	***	2.9199	2.229	0.053	< 2.00E-16	***	9.647
世帯主の年齢（歳）	0.007	0.001	< 2.00E-16	***	1.0068	0.000	0.001	0.8479		1.001
世帯主の性別01	-0.895	0.028	< 2.00E-16	***	0.4086	-0.587	0.055	< 2.00E-16	***	0.5763
農産物販売額カテゴリ	0.021	0.003	1.17E-11	***	1.0211	0.001	0.004	7.37E-01		1.0027
後継者01	0.082	0.020	3.04E-05	***	1.0853	-0.014	0.027	0.6067		0.9839
所得：農業中心	0.043	0.028	0.124		1.0435	0.182	0.037	7.41E-07	***	1.2369
所得：農業以外中心	0.094	0.020	2.47E-06	***	1.0983	0.053	0.028	0.0601	.	1.0907
世帯員数（人）	0.018	0.010	0.0559	.	1.0183	0.006	0.013	0.6256		1.004
N	125558					125558				
AIC	122840					73838				
BIC	122957					73955				

1）***：p<0.001、**：p<0.01、*：p<0.05、.：p<0.1を意味する。

府県よりも小さな地域区分をグループ変数とした場合の分析を実施することができなかった。

４．2005 ～ 2010 年の間の林業活動の変化

４．１．林業活動の変化

本節では、2005 年および 2010 年の両年とも保有山林のある継続家族林業経営体サンプルのみを利用して、当該５年間に林業活動を変化させた経営体あるいは変化させなかった経営体がどのような特徴をもつのかを明らかにし

表８－ 13　所有面積増減階層ごとの経営体数

	-5ha 未満	-5 ～ -0.1ha	-0.1 ～ 0.1ha	0.1 ～ 5ha	5ha 以上	計
経営体数	4,341	14,721	52,192	15,810	6,062	93,126
割合	4.7%	15.8%	56.0%	17.0%	6.5%	100.0%

表８－ 14　2005 年と 2010 年の保育作業実施状況ごとの経営体数

		2010 年		計
		なし	あり	
2005 年	なし	11,867	5,235	17,102
	あり	9,377	66,647	76,024
計		21,244	71,882	93,126

表８－ 15　2005 年と 2010 年の林産物販売状況ごとの経営体数

		2010 年		計
		なし	あり	
2005 年	なし	77,751	6,616	84,367
	あり	5,045	3,714	8,759
計		82,796	10,330	93,126

表８－ 16　2005 年と 2010 年の主伐実施状況ごとの経営体数

		2010 年		計
		なし	あり	
2005 年	なし	84,514	2,925	87,439
	あり	4,633	1,054	5,687
計		89,147	3,979	93,126

ようと試みた。最初に、林業活動を表す指標がどのように変化したのかを確認していこう。まず、所有面積の増減については、増加させた経営体の方が減少させた経営体よりも多かった（表８－13）。保育作業については、新たに行うようになった経営体数よりも、行わなくなった経営体数の方が多かった（表８－14）。木材販売については、行わなくなった経営体数よりも、新たに行うようになった経営体数の方が多かった（表８－15）。また、主伐については、新たに行うようになった経営体数よりも行わなくなった経営体数の方が多いことが分かった（表８－16）。

４．２．所有面積の変化と世帯の特徴の変化との連関

次に、所有面積を増減させた経営体数と2005年の世帯主の性別との連関を調べた結果、世帯主が女性の場合に、所有面積を変化させない傾向があることが分かった（表８－17）。

また、所有面積を増減させた経営体数と2005年までの５年間の保育の有無との連関を調べた結果、保育作業を行っていた経営体は行っていなかった

表８－17　所有面積を増減させた経営体数と2005年の世帯主の性別との連関

世帯主の性別 2005年	所有面積を増減させた経営体数（%）					
	-5ha未満	-5～-0.1ha	-0.1～0.1ha	0.1～5ha	5ha以上	計（経営体）
不明	11.1%	8.4%	48.4%	12.1%	20.0%	405
男	4.7%	16.0%	55.4%	17.3%	6.5%	88,368
女	3.6%	11.6%	69.3%	10.9%	4.6%	4,353
計	4.7%	15.8%	56.0%	17.0%	6.5%	93,126

表８－18　所有面積を増減させた経営体数と
2005年までの５年間の保育作業の有無との連関

保育作業 2005年	所有面積を増減させた経営体数（%）					
	-5ha未満	-5～-0.1ha	-0.1～0.1ha	0.1～5ha	5ha以上	計（経営体）
なし	3.4%	13.1%	64.4%	14.0%	5.2%	17,102
あり	4.9%	16.4%	54.2%	17.7%	6.8%	76,024
計	4.7%	15.8%	56.0%	17.0%	6.5%	93,126

経営体に比べて、５ha 以下の小面積で面積の増減がやや多い傾向があることが分かった（表８－18）。同様に、所有面積を増減させた経営体数と2005 年の林産物販売の有無との連関を調べた結果、林産物販売を行っていた経営体は行っていなかった経営体に比べて、５ha 以上の比較的大面積の増減がやや多い傾向があることが分かった（表８－19）。

所有面積を増減させた経営体数と 2005 年の農産物販売額階級（17 カテゴリ）との連関を調べた結果、農産物販売なしあるいは販売額が少ない経営体

表８－19　所有面積を増減させた経営体数と 2005 年の木材販売の有無との連関

林産物販売 2005 年	所有面積を増減させた経営体数（%）					
	-5ha 未満	-5 ～ -0.1ha	-0.1 ～ 0.1ha	0.1 ～ 5ha	5ha 以上	計（経営体）
なし	4.3%	15.7%	56.8%	17.1%	6.1%	84,367
あり	8.5%	16.5%	49.1%	15.5%	10.4%	8,759
計	4.7%	15.8%	56.0%	17.0%	6.5%	93,126

表８－20　所有面積を増減させた経営体数と 2005 年の農産物販売

農産物販売 2005 年	所有面積を増減させた経営体数（%）					
	-5ha 未満	-5 ～ -0.1ha	-0.1 ～ 0.1ha	0.1 ～ 5ha	5ha 以上	計（経営体）
販売なし	5.6%	13.8%	59.5%	14.0%	7.2%	31,909
15 万円未満	4.9%	15.7%	56.8%	16.6%	5.9%	5,736
15 ～ 50 万円	4.1%	16.8%	55.1%	18.3%	5.7%	15,338
50 ～ 100 万円	4.0%	16.5%	54.7%	18.8%	5.9%	11,633
100 ～ 200 万円	4.0%	17.4%	53.3%	19.2%	6.1%	9,972
200 ～ 300 万円	4.3%	18.2%	53.3%	18.0%	6.2%	4,584
300 ～ 500 万円	3.8%	17.0%	53.1%	19.6%	6.5%	4,617
500 ～ 700 万円	4.2%	17.7%	52.1%	19.1%	6.8%	2,412
700 ～ 1000 万円	4.2%	16.1%	55.0%	18.1%	6.5%	2,031
1000 ～ 1500 万円	3.5%	17.3%	52.6%	19.4%	7.2%	1,754
1500 ～ 2000 万円	3.8%	16.8%	53.4%	2.3%	5.7%	785
2000 ～ 3000 万円	3.8%	16.7%	53.3%	19.0%	7.1%	1,035
3000 ～ 5000 万円	8.0%	13.8%	51.1%	17.2%	9.8%	870
5000 万～１億円	4.9%	15.7%	53.0%	14.6%	11.8%	364
１～３億円	9.6%	16.9%	37.3%	25.3%	10.8%	83
３～５億円	0.0%	0.0%	66.7%	0.0%	33.3%	3
計	4.7%	15.8%	56.0%	17.0%	6.5%	93,126

で所有面積を増減させた経営体が少なく、農産物販売額が比較的多い経営体で所有面積を増減させた経営体が多い傾向があることが分かった（表８－20）。なお、所有面積を増減させた経営体数と都道府県との連関を調べた結果、所有面積を増減させた経営体が多いのは、秋田、埼玉、千葉、東京、神奈川、山梨、静岡、愛知、大阪、奈良、香川などで、大都市近郊地域の経営体であることが分かった。

以上、所有面積増減の多い経営体の特徴は、大都市近郊地域の経営体、保育作業や伐採をよく行っている経営体、農産物販売額の多い経営体などであり、総合的にみると企業者意識の高い経営体で所有面積増減が多いことを示していると考えられる。

次に、説明変数間の関係を統制したうえで所有面積増減に与える影響を調べるために、2005年～2010年の所有面積の減少・維持・増加を目的変数とした順序ロジスティック回帰分析を行った（表８－21）。その結果、減少／

表８－21　2005年～2010年の所有面積の減少・維持・増加を目的変数とした順序ロジスティック回帰分析結果

	減少 / 維持					増加 / 維持				
	係数	標準誤差	P値[1]		オッズ比	係数	標準誤差	P値[1]		オッズ比
(Intercept)	-1.539	0.087	<2.00E-16	***	0.215	-1.039	0.083	<2.00E-16	***	0.354
所有：10-20ha	0.471	0.021	<2.00E-16	***	1.601	-0.137	0.021	4.53E-11	***	0.872
所有：20-100ha	0.734	0.022	<2.00E-16	***	2.082	-0.197	0.024	5.07E-16	***	0.821
所有：100ha-	1.231	0.064	<2.00E-16	***	3.425	0.098	0.076	0.194568		1.104
世帯主の年齢（歳）	0.003	0.001	0.0000823	***	1.003	0.001	0.001	0.199367		1.001
保育作業 01	0.312	0.024	<2.00E-16	***	1.366	0.368	0.022	<2.00E-16	***	1.446
林産物販売 01	0.076	0.029	0.00869	**	1.079	0.216	0.028	2.38E-14	***	1.241
世帯主の性別 01	-0.388	0.046	<2.00E-16	***	0.679	-0.445	0.045	<2.00E-16	***	0.641
農産物販売額カテゴリ	0.023	0.004	9.33E-10	***	1.023	0.041	0.004	<2.00E-16	***	1.042
後継者 01	0.052	0.022	0.016313	*	1.054	0.003	0.021	0.890824		1.003
所得：農業中心	0.073	0.033	0.026391	*	1.076	0.060	0.031	0.053307	.	1.062
所得：農業以外中心	0.099	0.026	0.000122	***	1.104	0.155	0.025	3.52E-10	***	1.167
世帯員数（人）	0.008	0.010	0.420578		1.008	0.019	0.010		*	1.019
N	93115									
AIC	181251									

1）***：p<0.001、**：p<0.01、*：p<0.05、.：p<0.1 を意味する。

維持については、オッズ比の大小から、所有面積が大きい経営体が減少させる傾向があること、保育作業を行った経営体は行わなかった経営体に比べて1.4倍、経営主が女性の経営体が男性の経営体に比べて0.6倍、それぞれ減少させる傾向があることが分かった。また、維持／増加については、所有面積の影響はほとんど認められないことや、保育作業を行った経営体は行わなかった経営体に比べて1.4倍、林産物販売を行った経営体は行わなかった経営体に比べて1.2倍、それぞれ所有面積を増加させる傾向があることが分かった。このように、所有面積の拡大と縮小とでは、それぞれに異なる要因が関係している可能性が示唆された。このように、保育作業を行った経営体は、所有面積の増加も減少も積極的に行っていることが分かる。

５．まとめ

以上のように本章では、センサス・ミクロデータを用いて、家族林業経営体の林業活動を規定する要因を調べてきた。最初に、農業経営タイプと林業活動との連関を調べた結果、農業の経営タイプによって林業活動の積極性が異なることなどが明らかとなった。次に、主に保育作業と木材販売、ならびに所有面積増減を目的変数として、それらを説明する要因を調べた。その結果、第１に、センサスで調査されている項目を説明変数としたモデルの説明力は、全体として高くないことが分かった。その原因としては、そもそもの調査対象（＝林業経営体の定義）が林業活動を行った者または施業計画を作成した者に限られているという制約があることや、センサスでは調査されていない諸項目が林業活動に影響を与えている可能性があることなどが考えられる。第２に、地域（今回の場合は都道府県）をグループ変数としたマルチレベルモデルの適合度は、階層的でないモデルと比較してかなり高いことが分かった。したがって、家族林業経営体の林業活動は地域性が大きいと考えるべきである。その原因の１つには、大規模林産工場の立地など、川下の林産業の動向が考えられるものの、センサスデータの範囲内でそうした原因について探求するには限界がある。第３に、所有面積増減については、増加を説明する変数と、減少を説明する変数は異なることが分かった。特に、保育作業を実施した経営体が所有面積の増加も減少も積極的に行っているという結果は興味深い。このことを逆説的に考えると、所有面積の減少は、必ずしも林業活動への消極性を示すわけではないことを示唆しているのではないだろうか。

引用文献

佐藤宣子（2013）家族林業経営体の農業構造および農林業経営体による素材生産の実態．興梠克久編．日本林業の構造変化と林業経営体：2010年林業センサス分析．農林統計協会．p.109-134.

おわりに

本書では、わが国林業が拡大に転じた2000年代後半において、素材生産の拡大と林業経営体の経営活動がどのように行われたか、2005年・10年の農林業センサスの個票データを用いて分析を行ってきた。本書のまとめとして、分析結果を要約するとともに、データの問題点を交えつつ、センサス個票を用いる意義と今後の個票利活用の方向性について若干論じてみたい。

1．分析結果のまとめと今後の研究課題

各章の分析から、次のような結果と課題が明らかになった。

①素材生産は、受託立木買い・保有山林での生産量がともに増加し、また特定の経営体タイプが引っ張ったというより多くのタイプで生産が活発化した。ただ、その中にあって会社や家族非農業経営体のように停滞を見せたタイプがあり、活動差の要因解明が課題である（第2章）。

②山林を保有する経営体全体では、特に立木販売により林産物販売を実施した経営体が増加する一方で、植林実施経営体の減少、下刈りなど・間伐の実施経営体の大幅減少が観察され、経営活動は伐採販売に偏する傾向であった。また、家族非農業経営体の活動は全般に低調であった。今後、主伐後の植林・保育がどのように担われていくか、素材生産状況との関連を含めて注視していく必要がある（第3章）。

③保有経営体のうち、かつての慣行共有を多く含む共的保有林を特定・抽出して分析した結果では、財産区と生産森林組合の山林保有状況等における類似性と林業活動における差、慣行共有の中核をなしていた組織形態の経営体の活性の低さが明らかとなり、地域で一定のプレゼンスを有する共的保有林の各形態を継続的に把握していく必要性が示された（第4章）。会社有林は、経営体当たり規模や活動量が大きく経営行動が注目されるが、

保有・所有面積の増加と経営体数の減少・林業活動の低下というねじれが見られ、その中でも保有面積増加層と減少層では行動が異なるなど一様ではなく、理解を深める上で、会社の主業などの特性や、統計表章が事業所の所在する都市部に偏るといった統計把握上の課題が指摘された（第5章）。

④保有経営体の大多数を占める家族経営体では、経営主年齢・性別による活動の相違、1人世帯、家族非農業経営体の活動の低調さが見出され、世帯変動による経営活動変化を長期的に観察していく必要性が示された（第7章）。こうした世帯特徴は林業活動に影響を与えてはいるものの、都道府県による地域性が大きいことがマルチレベルモデル分析から導かれた。また農業経営の類型によって林業活動の積極性に差があることが示された（第8章）。農業経営部門との関係性は、家族農業受託・立木買い経営体においても観察され（第6章）、保有・受託経営体ともに農業経営との関連解明が興味深い課題として浮かび上がってきた。

以上のような素材生産の活発化や保有山林経営の動向、また経営体タイプによる相違が把握されたが、そこには大きな地域差もあった。全国的に見て東北・九州での活発さは確認されたが、その他の地域でもさまざまな動きが見られた。山林保有形態、森林資源状況、原木需要、家族経営体における農業との結びつきなどとの関係において、地域ごとの林業構造の特徴の理解を深めていくことが、今後の研究方向として重要である。

ところで、今回の分析ではいくつかカバーできなかった対象が残った。素材生産以外の林業作業を受託する経営体は、植林・保育作業の相当な部分を実質的に担っているが、その経営活動や受委託構造（2005年の委託量・受託先データ）の分析には手が回らなかった。地方公共団体は山林面積が大きく地域でのプレゼンスを有するが、第4章で触れたように素材生産の活発化が見られることから、実際の組織（市町村、一部事務組合、県や林業公社が考えられる）や山林保有構成を見極めつつ、活動状況を理解する必要があろう。家族経営体における農業との関係は、第６章・第８章で農産物販売を中心に分析したが、経営耕地面積など一部項目を使用しておらず（データ利用申請しなかった)、不十分な観察にとどまっているかもしれない。

２．個票を用いた研究の意義と研究発展の展望

本書の分析は、言うまでもなくセンサス個票を利用することで初めて可能となったものである。分析方法や結果導出に不十分な面は多く残されているが、組替集計だけでないミクロデータ利用の段階に歩を進められたのではなかろうか。やや感想めくが、今回行ってきた研究活動を振り返りつつ、あらためて個票利用の意義を確認しておきたい。

まず、個票を利用できることの自由度は何物にも代え難い。今回の分析では、森林組合と生産森林組合および地方公共団体と財産区を分離して組織形態を独自に区分し、山林保有の有無および林業作業受託・立木買いの有無による経営体タイプ区分を行った。これにより、林業構造をなす各経営主体をセンサス上に捉えることができ、さらに対象を絞った分析が可能となった。家族経営体に対しては、世帯に係る変数を組み合わせた分類が経営主・世代数・経営主交代について試みられた。また、2005・10 年個票の接続により、継続経営体の時点間変化が追えるようになるとともに、調査対象全体の変化を継続・退出・参入に分解した分析が可能となった。さらに、第８章の家族経営体についてのクラスター分析・ロジスティック回帰分析は、まさにミクロデータならではの分析手法である。本書冒頭「はじめに」でミクロデータ利用のメリットとして、原データの情報量そのままの活用、変数の自由な組み合わせ、異時点の個票の接続、の３点を挙げたが、分析を進めながらこれらメリットを存分に実感することができた。

もっとも、今回の分析でデータを十分使いこなせたとまでは言えない。１年間のデータ利用期間で、初めて触れるデータの扱い方に慣れ、個票接続状

況の確認から着手し、対象とする経営体に応じた分析方法を見出していくのは、時間的にいささか厳しいものがあった。組織形態の整理方法や継続・退出・参入の集計については目処がついたが、本書各章の分析方法が有効であったかは読者諸賢の判断に委ねるほかないし、十分取り上げられなかった変数もある。次にセンサス個票を利用できる機会があれば、素材生産・植林保育の林業活動全体を見通す分析、経営体タイプごとの分析、第７章、第８章のような焦点を絞った仮説検証的分析を、それぞれ充実させ、効率的・効果的に進めることが課題となろう。そのためにも、新たな研究者の参加とアイディアを得て、パソコン上のデータ扱い方法から始まって、研究方法が継承・発展されていくことが切望される。

３．個票利用の統計調査への貢献可能性

センサス個票の利用は、林業構造の把握分析という本来目的以外にも、統計調査およびその利活用に対して貢献が可能ではないだろうか。以下３点挙げてみたい。

１つめとして、センサス調査結果が広く活用されることは重要な課題であり、公表集計を拡充するために、個票を用いて集計方法を研究することが考えられる。現在、農林水産省ホームページや公刊統計書で公表されている2005・10年センサスの林業経営体の結果は、大半の項目で都道府県別集計のみの提供となった。2000年センサスまでは、保有山林面積規模別の集計や、林家・林家以外の事業体・林業サービス事業体別の表（これは調査票が別であったことの反映であるが）や組織形態別の集計が、豊富に公表されていた。現在このレベルの集計結果を知るには、事実上、組替集計を用いて分析されたいわゆるセンサス本（本書中でしばしば参考文献として挙げてきた餅田・志賀（2009)、興梠（2013)）に頼るしかない。これとて、従来から定着してきた集計表を多数掲載しているものの、紙幅の関係もあり、分析者の視点と作表による集計に限られる。そこで、基本的属性を軸とした機械的・

網羅的な集計結果が、一般に広く利用できる形で公表されることが望まれる。その場合、2005年以降大きく変わったセンサス調査体系に合わせた有用な集計方法を、個票を用いて案出・確立することが課題となろう。今回の各章の分析が、その域に達しているかはまだ心許ない。農業・林業経営を一体とした集計の公表も、期待されつつまだ実現していないが、こうした研究課題の１つと位置づけられるのではないか。（なお、2016年10月に農林水産省ホームページで公表された「2015年センサス」報告書第３巻では、保有山林面積規模別などの集計表が2010年よりも増えており、歓迎したい。）

２つめは、個票の活用による調査状況の検証である。今回データの扱い方で悩まされたのが、2005・10年個票の接続に関してであった。接続により経営体の継続・退出・参入が明らかにされるのだが、第１章２節で示したように継続率は52％と予想外の低さであった。観測漏れのおそれは調査結果全般について回る問題だが、特に退出・参入が果たして真のそれを捉えているのか気がかりである。そのため、例えば生産量の変化を退出・参入を含めた全体で見るのがよいか、継続経営体の変化で見るのがよいかという悩みも生じてしまう。いっそ、継続経営体が経営体全体からの無作為標本であれば、継続経営体を観察すれば全体の傾向を描きうることを期待できるが、そういう調査体系ではない。第６章などで行ったように、情報量の多い継続経営体に限定して何が起こったか詳細を分析するという考え方もあるが、その場合には、林業経営体全体の動向を語ることは諦めざるをえない。それぞれの限界を踏まえつつ、両方を見るほかない。経営体の退出・参入構造に関しては、第１章４節で指摘したように農業・非農業経営体間で大きな差異が認められ、今後の経営体捕捉に不安も感じられる。調査データを用いて調査されない客体の状況を検証するのはどだい無理なのだが、何とか個票の持つ情報を活用して、調査対象が想定どおり捕捉されているか検討することも、利用方法の１つであろう。

３つめとして、データには整合性の点でいくつか疑問が感じられたが、その状況把握は分析上の留意点とするにとどまらず、よりよい調査実施へのフィードバックが考えられる。

まず、経営体の組織形態については、第1章2節で指摘したように、法人の1つである各種団体と非法人などの間でかなりの異動が見られた。また、第4章2節で行った経営体名称による森林組合と生産森林組合、地方公共団体と財産区の分離も完全には判定できなかった。これら組織形態の不安定さは、実際は非法人である愛林組合や部分林組合などの回答選択の揺れや、曖昧な名称の経営体が少なくないという林業経営体の実態によると考えられる。林業経営体の各組織形態は、成立由来や組織原理を異にするものであり、実態に即した安定した回答が得られる設問設計が望まれる。受託経営体における非家族から家族への不自然な異動（第2章2節）も観察された。

また、量的な項目では、第4章4節で地方公共団体が自ら実施した素材生産量には請負わせ生産分が含まれる可能性を指摘している。もしそうであれば、受託側生産量と重複が発生していることになる。他には、家族経営体における世帯員の年齢・性別の不整合（第7章注9）、労働力の設問の問題（第7章注10）が見られたところである。

センサスの調査方法は、2000年から調査客体の自計申告となった。したがって、一般の統計調査やアンケート調査と同様、設問形式やワーディングが回答に影響することは避けられないだろう。センサスでは、事前の試行調査実施による調査票の検証、また調査後の回答チェックにより正確性を確保する体制がとられている。今回のデータ利用過程で気づいた整合性に関する知見も、こうした取り組みの場面へフィードバックしていくことが考えられる。回答分布や外れ値の状況を確認できることは個票利用のプリミティブなメリットであり、また項目間の整合性のようにやや込み入る場合は、研究的な視点・分析も必要となろう。個票の持つ情報量を、よりよいセンサス調査のために生かしていくこともまた、利活用の1つではないだろうか。

執筆者一覧

藤掛一郎　宮崎大学・農学部・教授
第１章　センサスミクロデータによる林業経営体の分析
第２章　素材生産の活発化とその担い手

田村和也　国立研究開発法人森林総合研究所・研究員
第１章　センサスミクロデータによる林業経営体の分析
第３章　保有山林経営の動向
第７章　家族による保有山林経営と世帯構成

大地俊介　宮崎大学・農学部・助教
第４章　共的保有林の経営動向

大塚生美　国立研究開発法人森林総合研究所東北支所・研究員
第５章　社有林の経営動向

山本伸幸　国立研究開発法人森林総合研究所・研究員
第６章　家族農業経営体による林業作業受託・立木買い

林　雅秀　山形大学・農学部・准教授
第８章　家族による保有山林経営の多変量解析

2017年 3月 3日　第 1 版第 1 刷発行

ミクロデータで見る林業の実像

——2005・2010 年農林業センサスの分析——

編著者 ———— 藤 掛 一 郎・田 村 和 也

カバー・デザイン —— 峯 元 洋 子

発行人 ———— 辻　　潔

発行所 ———— 森と木と人のつながりを考える
㈱ 日 本 林 業 調 査 会
〒 160-0004
東京都新宿区四谷２－８　岡本ビル 405
TEL 03-6457-8381　FAX 03-6457-8382
http://www.j-fic.com/
J-FIC（ジェイフィック）は、日本林業調査会（Japan Forestry Investigation Committee）の登録商標です。

印刷所 ———— 藤原印刷㈱

ISBN978-4-88965-249-9

再生紙をつかっています。